中国常见海洋生物原色图典

节肢动物

总 主 编　魏建功
分 册 主 编　李新正
分册副主编　董 栋 马 林
　　　　　　寇 琦 甘志彬

中国海洋大学出版社
·青岛·

图书在版编目（CIP）数据

中国常见海洋生物原色图典. 节肢动物 / 魏建功总
主编；李新正分册主编. —青岛：中国海洋大学出版
社，2019.11（2022.3重印）

ISBN 978-7-5670-1750-4

Ⅰ.①中…　Ⅱ.①魏…　②李…　Ⅲ.①海洋生
物－节肢动物－中国－图集　Ⅳ.①Q178.53-64

中国版本图书馆CIP数据核字（2019）第242124号

出版发行	中国海洋大学出版社		
社　　址	青岛市香港东路23号	邮政编码	266071
网　　址	http://pub.ouc.edu.cn		
出 版 人	杨立敏		
责任编辑	董　超	电　　话	0532-85902342
电子信箱	465407097@qq.com		
印　　制	青岛国彩印刷股份有限公司		
版　　次	2020年5月第1版		
印　　次	2022年3月第2次印刷		
成品尺寸	170 mm×230 mm		
印　　张	10.75		
字　　数	135千		
印　　数	2001～4000		
定　　价	68.00元		
订购电话	0532-82032573（传真）		

发现印装质量问题，请致电0532-58700166，由印刷厂负责调换。

总前言

　　生命起源于海洋。海洋生物多姿多彩，种类繁多，是和人类相依相伴的海洋"居民"，是自然界中不可缺少的一群生灵，是大海给予人类的宝贵资源。

　　当人们来海滩上漫步，随手拾捡起色彩缤纷的贝壳和海星把玩，也许会好奇它们有怎样一个美丽的名字；当人们于水族馆游览，看憨态可掬的海狮和海豹或在水中自在游弋，或在池边休憩，也许会想它们之间究竟是如何区分的；当人们品尝餐桌上的海味，无论是一盘外表金黄酥脆、内里洁白鲜嫩的炸带鱼，还是几只螯里封"嫩玉"、壳里藏"红脂"的蟹子，也许会想象它们生前有着怎样一副模样，它们曾在哪里过着怎样自在的生活……

　　自我从教学岗位调到出版社从事图书编辑工作时起，就开始调研国内图书市场。有关海洋生物的"志""图鉴""图谱"已出版了不少，有些是供专业人员使用的，对一般读者来说艰深晦涩；还有些将海洋生物和淡水生物混编一起，没有鲜明的海洋特色。所以，在社领导支持下，我组织相关学科的专家及同仁，编创了《中国常见海洋生物原色图典》，以期为读者系统认识海洋生物提供帮助。

　　根据全球海洋生物普查项目的报告，海洋生物物种可达100万种，目前人类了解的只是其中的1/5。我国是一个海洋大国，东部和南部大陆海岸线1.8万多千米，内海和边海的水域面积为470多万平方千米，海洋生物资源十分丰富。书中收录的基本都是我国近海常见的物种。本书分《植物》《腔肠动物 棘皮动物》《软体动物》《节肢动物》《鱼类》《鸟类 爬行类 哺乳类》6个分册，分别收录了153种海洋植物，61种海洋腔肠动物、72种棘皮动物，205种海洋软体动物，151种海洋节肢动物，172种海洋鱼类，11种海洋爬行类、118种海洋鸟类、18种哺乳类。对每种海洋生物，书中给出了中文名称、学名及中文别名，并简明介绍了形态特征、分类地位、生态习性、地理分布等。书中配以原色图片，方便读者直观地认识相关海洋生物。

限于编者水平，书中难免有不尽如人意之处，敬请读者批评指正。

魏建功

前言

　　节肢动物门是动物界种类最多的门，约有120万现存种，分为4个类别，即螯肢动物、甲壳动物、六足动物和多足动物。其分布遍及海洋、陆地、淡水的环境中。在海洋中分布的节肢动物以甲壳亚门和螯肢亚门的肢口纲最为常见，其中甲壳动物是最常见的海洋动物类群之一。

　　海洋节肢动物的主要形态特征包括：有发达且坚厚的几丁质外骨骼；躯体为异律分节，头、胸、腹各部的分节形态区别明显，身体各部功能分化，体节的分化和组合增强了节肢动物的运动能力和对环境的适应能力，高等的甲壳动物一般分为头胸部和腹部，每一体节都有相应成对的、分节的附肢，尤其是胸部的附肢非常发达，附肢与身体之间通过关节连接，身体和附肢有发达的肌肉系统，极大地增强了摄食和运动能力；用鳃呼吸。

　　海洋中的节肢动物按照生活习性大致可以分为自由生活的、固着生活的和共生生活的种类。自由生活的海洋节肢动物又可根据其生态习性分成浮游生活的、游泳生活的和底栖生活的种类。大部分种类还是营底栖生活的，从潮间带、潮下带、大陆架、大陆坡直到水深数千米的深海，从赤道到两极，从红树林、海草床、珊瑚礁到热液口、冷泉、海山、海盆、海沟、深渊等海洋环境中，都有底栖节肢动物的分布。底栖节肢动物又有底上生活、底内生活、埋栖生活、穴居生活等生活方式。在不同生活史阶段，其生活方式常常有所不同。

　　节肢动物是海洋中种类最多、最常见的生物类群，因此，海洋节肢动物在海洋生物资源、海洋生态学、海洋生物多样性等方面均有重要意义。无论在浮游生物（如黄海、东海的中华哲水蚤）食物网，还是游泳生物（如曾经是黄海重要的渔业捕捞对象的中国对虾）食物网，以及底栖生物（如黄海、东海中的三疣梭子蟹）食物网中，占海洋节肢动物绝大多数的甲壳动物都发挥着重要的生态系统服务功能，担当着重要的生态系统角色。

海洋节肢动物的很多种有重要的经济价值。在食用方面，作为海洋渔业重要捕捞对象的对虾、龙虾、梭子蟹、帝王蟹、虾蛄等，是人们非常喜爱的珍品海鲜。有些海洋节肢动物还有一定的药用价值。如鲎的血清是制作现代医药超灵敏度诊断试剂的原料，鲎的血液中含有特殊的凝血酶原，能够在遇到细菌毒素时迅速凝固而产生白色沉淀。

本书介绍了海洋节肢动物的形态特征、生活习性、生态学意义和经济价值，收录的151个种均为中国沿海常见物种，每个种给出了中文名、中文别名、学名、分类地位、形态特征的描述、原色照片、生活习性和地理分布等信息，便于读者全面了解该种的情况。

这些种是笔者团队经过数十年的数据和样品收集并比较后确定的。全书由董栋、马林、寇琦、甘志彬和李新正共同撰写而成。编撰者都是多年从事甲壳动物分类学的学者，对于中国近海的甲壳动物种类和节肢动物区系特点有很深入的了解。

本书撰稿过程中，中国科学院海洋研究所的蒋维博士对部分蟹类物种的鉴定给予了专业的指导，在此致以最诚挚的感谢。

李新正

CONTENTS

目录

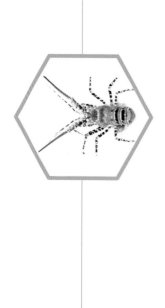

螯肢动物

　　我们常见的蝎子、蜘蛛和海产的鲎都属于螯肢动物，它们最显著的特征是没有触角，第一对附肢有螯。身体分为头胸部和腹部，头胸部有6个体节，常有1个背甲，腹部体节数多达12个。附肢多关节，单肢型。有简单的中央单眼，有的种类还有1对侧复眼。大多数雌雄异体。

　　螯肢动物已知有7万多种，生活在海洋里的种类比较少，我国发现的有2种，即中国鲎和圆尾鲎。

　　鲎有"活化石"之称。

群聚的鲎

中国鲎

学　　名　*Tachypleus tridentatus* (Leach, 1819)

别　　名　鲎鱼、鲎帆、东方鲎、两公婆

分类地位　肢口纲剑尾目鲎科鲎属

形态特征　体背腹偏平，头胸部覆盖有宽大的半圆形盾甲；盾甲前方中央有1对单眼，单眼后两侧各有1个复眼。头胸部的腹面有6对附肢，第一对较小，为螯肢，后5对较大，为步足；腹部呈现三角形，两侧边缘有6个大的刺；腹部末端有尾剑，上有小的齿，横截面为三角形。雌雄异体。

生态习性　栖息于热带及亚热带海域，底栖爬行种类，产卵季节常集群出现于潮间带海滩。

地理分布　在中国，中国鲎分布于南海及东海南部。

保护级别　国家二级保护动物。

甲壳动物

甲壳动物绝大多数种类适于水中生活，因体外多有坚硬的外壳（外骨骼）而得名。我们常见的虾、蟹等就属于甲壳动物。它们的主要特征有：身体两侧对称，分节，头部与相连的胸部分界不明显，或多或少的一部分胸部体节可能与头部合并成头胸部，躯干通常分为胸部和腹部。头部触角2对，附肢5对，附肢有关节，双肢型。一般雌雄异体。个体发育有变态。

甲壳动物是最常见的海洋动物类群之一，世界已知的甲壳动物有67 000多种，中国记录了4 320多种，是海洋中多样性最高的生物类群，因此有"海洋中的昆虫"之称。

招潮蟹

龙虾

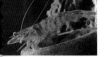

虾 类

虾类为体形延长、腹部发达、能进行游泳或爬行活动的甲壳动物种类的统称。身体分为头胸部和腹部，由21节构成，除头部第1节和尾节外，每节有1对附肢。大多数为海生，少数产于淡水，一般有发达的游泳器官。

真虾类中的藻虾

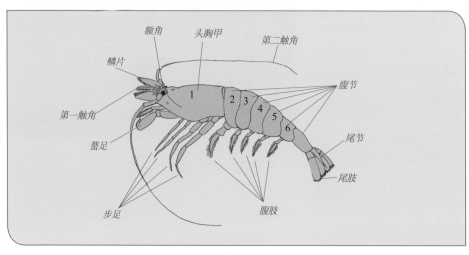

虾的形态模式图

高脊管鞭虾

学　　名　*Solenocera alticarinata* Kubo, 1949

别　　名　大头红虾

分类地位　软甲纲十足目管鞭虾科管鞭虾属

形态特征　体橙红色，腹肢基部白色，第二触角鞭红白相间。体长7~11 cm。甲壳表面光滑。额角短而平直，未达到眼的末端。额角背缘有7~8个齿，腹缘无齿。额角后脊显著突起，呈薄片状，延伸至头胸甲后缘，近末端处向下弯曲。额角后脊与颈沟交会处有一缺刻。尾节背面中央有纵沟，侧缘近末端有1对固定刺。

生态习性　属高温高盐种，栖息于水深50~100 m的海底。

地理分布　在中国东海和南海、台湾海域均有分布。国外分布于日本、菲律宾附近海域。

经济价值　是中国东海和南海的重要捕捞对象之一。有较高经济价值。

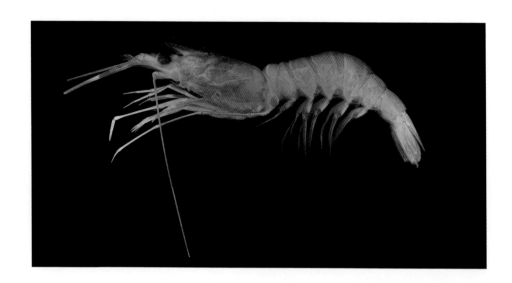

大管鞭虾

学　　名　*Solenocera melantho* De Man, 1907

别　　名　大红虾、外海红虾

分类地位　软甲纲十足目管鞭虾科管鞭虾属

形态特征　体橙红色，腹肢基部白色，第二触角鞭红白相间。体长6～12 cm。甲壳表面光滑。额角较短，未达到眼的末端。额角背缘有8个齿，腹缘无齿。额角后脊明显，延伸至头胸甲后缘，额角后脊与颈沟交会处无缺刻。尾节背面中央有纵沟，侧缘近末端有1对固定刺。

生态习性　属高温高盐种，栖息于水深60～250 m的海底。

地理分布　在中国东海和南海、台湾海域等均有分布。国外分布于日本、印度尼西亚、菲律宾、韩国等附近海域。

经济价值　是中国东海和南海的重要捕捞对象之一。有较高经济价值。

牟氏美红对虾

学　　名　*Pleoticus muelleri* (Spence Bate, 1888)

别　　名　阿根廷红虾

分类地位　软甲纲十足目管鞭虾科美红对虾属

形态特征　体橙红色，第二触角鞭橙红色。体长10～19 cm。甲壳表面光滑。额角较短且平直，末端微微上扬，未达到第一触角柄的末端。额角背缘有8～10个齿，腹缘无齿。头胸甲上有眼眶刺、眼后刺、触角刺和肝刺。第三至第六腹节有纵脊。尾节背面中央有纵沟，侧缘有1对固定刺。

生态习性　属近岸暖水种，通常栖息于水深2～25 m的泥或泥沙底质海底。

地理分布　分布于西南大西洋、巴西和阿根廷东岸沿海。

经济价值　是重要的捕捞经济种。有较高经济价值。为中国市场上的进口海鲜。

须赤虾

学　　名　*Metapenaeopsis barbata* (De Haan, 1844)

别　　名　厚壳虾

分类地位　软甲纲十足目对虾科赤虾属

形态特征　体白色，散布不规则红色斑纹。体长7～9 cm。眼大，眼柄短。体表有短毛。额角达或略超过第一触角柄的末端，头胸甲的后缘附近有20～22个小脊排列成新月形的发音器。额角上缘有6～7个齿，下缘没有齿。头胸甲上有触角刺、颊刺、胃上刺、肝刺和小的眼上刺。第一、第二步足有基节刺，5对步足均有外肢。第二至第六腹节的背面有纵脊，第五至第六腹节的末端突出形成刺。尾节的两侧有1对固定刺和3对活动刺。

生态习性　栖息于细沙质软泥和黏土质软泥底质海域。暖水性种类，5～8月出现较多。栖息于水深40 m以深的外海。

地理分布　在中国东海和南海有分布。日本东南部、朝鲜半岛、马来西亚、印度尼西亚、菲律宾附近海域均有分布。

经济价值　有一定的经济价值。

戴氏赤虾

学　名　*Metapenaeopsis dalei* (Rathbun, 1920)

别　名　红虾、红筋虾

分类地位　软甲纲十足目对虾科赤虾属

形态特征　体有斜行排列的红色斑纹。体长5～7 cm。甲壳粗糙，表面有很多绒毛。额角短，上缘有5～8个齿。头胸甲上有胃上刺、眼上刺及颊刺。腹部第二至第六节的背面有中央强脊。尾节长，有3对活动刺及1对不动刺。眼大，眼柄甚短。第一触角鞭短，第二触角鳞片略超过第一触角柄末端。第三颚足及第二步足均有基节刺，第一步足有基节刺及座节刺。雄性的交接器不对称。

生态习性　生活于泥沙底质浅海，5～7月数量多。

地理分布　在中国黄海、东海和南海东北部海区均有分布。国外分布于朝鲜、日本沿海。

经济价值　有一定的经济价值。是经济鱼类的天然饵料。

高脊赤虾

学　　名　*Metapenaeopsis lamellata* (De Haan, 1844)

别　　名　胖赤虾、鸡冠虾

分类地位　软甲纲十足目对虾科赤虾属

形态特征　体有赤褐色的不规则斑纹，胸肢及腹肢红色。体长7~11 cm。甲壳坚硬，体表有很多短粗毛。眼大，眼柄短。额角短，头胸甲的前方及额角的背缘有鸡冠状的隆起。头胸甲上有发达的胃上刺和触角刺，以及小的眼眶刺、颊刺和肝刺；除触角脊外，其他沟脊不明显。第一、第二步足有基节刺，第四步足的底节内侧有1个突起，5对步足均有外肢。第三至第六腹节的背面有明显的纵脊。尾节的两侧有1对固定刺和3对活动刺。

生态习性　暖水性种类，栖息于水深30~200 m的海域。

地理分布　在中国东海和南海有分布。日本南部、马来西亚、澳大利亚北部附近海域均有分布。

经济价值　有一定的经济价值。

印度对虾

学　　名　*Penaeus indicus* H. Milne Edwards, 1837

分类地位　软甲纲十足目对虾科对虾属

形态特征　体青色，尾肢末端红褐色，腹肢末端淡红色。体长约12 cm。甲壳较厚而坚硬，体表光滑。额角超过第一触角柄末端，上缘有6个齿，其中3个齿位于头胸甲上，下缘有4个齿，基部不隆起成三角形，后脊延伸至头胸甲后缘附近。头胸甲上有胃上刺、触角刺和肝刺。尾节背面有中央沟，两侧缘无刺。

生态习性　为暖水种，栖息于水深90 m左右的泥沙底质海底。

地理分布　在中国东海和南海均有分布。印度、新加坡、印度尼西亚、斯里兰卡、东非、澳大利亚北部等附近海域及孟加拉湾、阿拉伯海都有分布。

经济价值　为大型捕捞经济种类，但在中国分布不多。有较高经济价值。

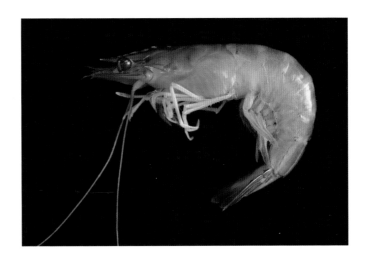

日本对虾

学　　名	*Penaeus japonicus* Spence Bate, 1888
别　　名	日本囊对虾、斑节虾、竹节虾
分类地位	软甲纲十足目对虾科对虾属

形态特征　体有鲜明的暗棕色和土黄色相间的横斑纹，附肢黄色，尾肢末端为亮蓝色，缘毛红色。成体雌大于雄，体长12～20 cm。额角侧沟长，伸到头胸甲的后缘附近；额角的后脊伸到头胸甲的后缘，有中央沟。第一、第二步足有基节刺。第四至第六腹节有背脊；尾节长于第六腹节，有中央沟。

生态习性　生活于砂、泥沙底质海域。摄食底栖生物，如双壳类、多毛类、小型甲壳动物等，也摄食底层浮游生物和游泳生物。幼体多分布于盐度较低的河口和港湾中。栖息于水深不超过100 m的海域。

地理分布　在中国南黄海到南海有分布。日本北海道以南、朝鲜半岛、菲律宾、泰国、印度尼西亚、新加坡、马来西亚、非洲东部、马达加斯加、澳大利亚北部、斐济附近海域及红海均有分布。

经济价值　为少量养殖种。经济价值较高。

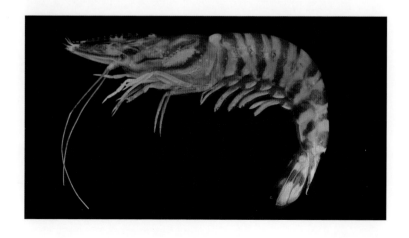

中国对虾

学　　名　*Penaeus chinensis* (Osbeck, 1765)

别　　名　大虾、对虾、明虾、黄虾（雄）、青虾（雌）

分类地位　软甲纲｜足目对虾科对虾属

形态特征　雌体青蓝色，雄体棕黄色。雌大于雄，雌性成体体长18~24 cm，雄性成体体长13~17 cm。体长而侧扁。甲壳薄，光滑透明。头胸甲前缘中央突出形成额角，基部稍隆起，额角背缘有7~9个齿，腹缘有3~5个齿。除头胸部第一节和尾节外，其余节均有1对附肢。步足5对，前3对呈螯状，后两对呈爪状。尾节末端呈尖细刺状，背面有纵沟。

生态习性　一年生大型洄游虾类。多栖息于浅海底层。白天多潜入泥沙中，夜间活动比较频繁。产卵场多在河口和内湾附近水域，产卵后亲体相继死亡。

地理分布　在中国渤海、黄海、东海北部均有分布。国外分布于朝鲜附近海域。

经济价值　为养殖种。已进行人工放流。经济价值较高。

小贴士

　　中国对虾与印度对虾的主要区别：中国对虾的额角后脊伸到头胸甲中部，印度对虾的额角后脊伸到头胸甲后缘附近。

长毛对虾

学　　名　*Penaeus penicillatus* Alcock, 1905

分类地位　软甲纲十足目对虾科对虾属

形态特征　体蓝灰色，有棕色斑点，尾肢末端红褐色，腹肢末端淡红色。体长13～20 cm。甲壳较薄，体表光滑。额角超过第一触角柄末端，背缘有7～8个齿，腹缘有4～6个齿，基部显著隆起，后脊延伸至头胸甲后缘附近。头胸甲上有胃上刺、触角刺和肝刺，无肝脊。尾节背面有中央沟，两侧缘无刺。

生态习性　为暖水种，栖息于水深40 m以内的沙底质海底。

地理分布　在中国东海和南海均有分布。印度、巴基斯坦、印度尼西亚、菲律宾附近海域及阿拉伯海都有分布。

经济价值　有一定的经济价值。

> **小贴士**
>
> 与印度对虾的主要区别：长毛对虾的额角基部背面隆起较高，印度对虾的额角基部背面隆起不明显。

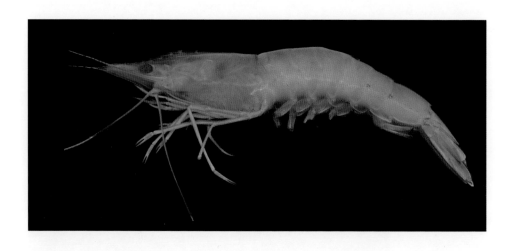

凡纳对虾

学　　名　*Penaeus vannamei* Boone, 1931

别　　名　南美白对虾、白脚虾

分类地位　软甲纲十足目对虾科对虾属

形态特征　体淡青蓝色，甲壳较薄，全身没有斑纹。最大体长可达23 cm。额角短，不超过第一触角的第二节；侧沟短，达胃上刺下方。头胸甲比腹部短。第一至第三步足的上肢发达，第四、第五步足没有上肢。第四至第六腹节有背脊。尾节有中央沟。

生态习性　生活于泥沙底质海域，杂食性，幼体摄食浮游动物的无节幼体；幼虾摄食浮游动物和底栖动物幼体；成虾则以动植物及有机碎屑为食，如蠕虫、各种水生昆虫及其幼体、小型贝类、甲壳类和藻类等。

地理分布　在中国沿海均有分布。原产于中南美洲的太平洋沿岸海域。

经济价值　引进养殖种，为中国最大的养殖种。有较高经济价值。

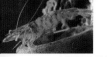

哈氏米氏对虾

学　　名　*Mierspenaeopsis hardwickii* (Miers, 1878)

别　　名　滑皮虾、青皮虾

分类地位　软甲纲十足目对虾科米氏对虾属

形态特征　体青色，尾肢末端棕黄色，腹肢棕色。体长6～10 cm。甲壳较厚而坚硬，体表光滑。额角细长，超过第一触角柄末端，基部上缘微隆起，中部向下弯曲，末端尖细，稍微上扬。额角背缘有7～8个齿，末1/2无齿，腹缘无齿。额角后脊几乎延伸至头胸甲后缘。鳃区中部有一条纵缝，延伸至头胸甲侧缘。眼较大，眼柄粗短。尾节两侧缘无刺。

生态习性　为近岸暖水种，栖息于水深70 m以内海底，水深30 m以内的沿岸海域分布较密集。

地理分布　在中国黄海南部和东海北部均有分布。日本、巴基斯坦、印度、新加坡、马来西亚等附近海域都有分布。

经济价值　是中国黄海、东海的重要捕捞对象之一。经济价值较高。

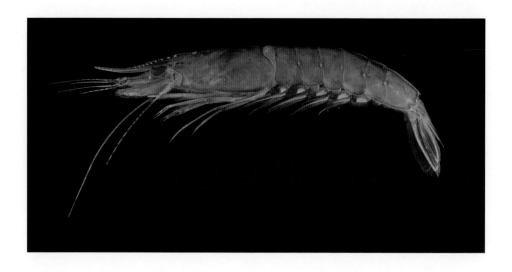

鹰爪虾

学　名　*Trachysalambria curvirostris* Stimpson, 1860

别　名　鸡爪虾、厚皮虾、红虾、立虾、硬壳虾、糙皮虾、霉虾等

分类地位　软甲纲十足目对虾科鹰爪虾属

形态特征　体棕红色。体长6~10 cm。甲壳厚，体表粗糙，有很多绒毛。腹部弯曲时，状如鹰爪。额角上缘有8~10个齿（含胃上刺），下缘没有齿；雄性的额角平直向前伸，雌性的额角末端向上弯曲。头胸甲上有触角刺、肝刺和眼眶刺。第二步足有基节刺，5对步足均有外肢。第二至第六腹节的背面有纵脊，第二腹节的纵脊较短。尾节没有固定刺，两侧有3对活动刺。雄性交接器锚形。

生态习性　栖息于细沙、泥沙底质海底。适应力较强，春季产卵时游至近岸海域。

地理分布　在中国各海区均有分布。日本、朝鲜半岛、新几内亚、澳大利亚北部、印度、马来西亚、印度尼西亚、菲律宾、巴西、马达加斯加附近海域及地中海、红海均有分布。

经济价值　可鲜食或加工成海米。经济价值较高。

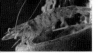
艾德华鼓虾

学　　名　*Alpheus edwardsii* (Audouin, 1826)

别　　名　枪虾、手枪虾

分类地位　软甲纲十足目鼓虾科鼓虾属

形态特征　体长2.6～4.2 cm。额角较长，柄刺尖锐。大螯掌上缘有一横沟，其近端的肩部突出，悬在沟上，远端的肩部不突出，横沟向两侧面延伸分别形成近三角形和近四边形凹槽；掌下缘有一缺刻，缺刻近端的肩部突出。雄性个体的小螯掌上缘邻近指关节的地方有一较浅的横沟，指节有刚毛环；雌性个体的小螯掌上缘有一极浅的凹陷。第二步足腕节有5亚节。第三步足座节外侧缘有1个刺，指节简单。

生态习性　栖息于热带及亚热带浅海，常常生活于珊瑚礁和海藻床海域。

地理分布　分布于中国南海以及从印度尼西亚到澳大利亚的印度–西太平洋。

经济价值　经济价值不大。

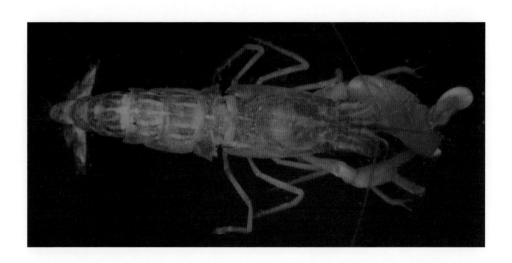

艾勒鼓虾

学　　名　*Alpheus ehlersii* De Man, 1909

别　　名　手枪虾

分类地位　软甲纲十足目鼓虾科鼓虾属

形态特征　有眼罩和心侧缺刻。额角刺状，额角基部的浅沟不明显。第一触角柄刺的末端尖锐，稍超出第一触角柄第一节末端。触角鳞片侧刺发达，超出触角鳞片叶片部分；柄腕长，超过第一触角柄末端。第三颚足有外肢。大螯较平扁，掌上缘有很浅的横沟，掌下缘横沟对侧有轻微缢缩，掌部侧面外下缘有纵凹陷；大螯长节内下缘有3～7个刺。小螯雌雄同形，长为宽的4倍左右，长节内下缘有3～5个齿。第二步足腕节有5亚节。第三步足座节、长节及腕节都没有刺；指节简单，单爪状，长约为掌节长的1/3。

生态习性　常栖息于潮间带到潮下带的浅海。

地理分布　中国南海近岸海域有分布。菲律宾、泰国、马绍尔群岛、汤加、萨摩亚群岛、以色列等附近的海域及雅加达湾有分布。

经济价值　经济价值不大。

纤细鼓虾

学　　名　*Alpheus gracil* Heller, 1861

别　　名　枪虾、手枪虾

分类地位　软甲纲十足目鼓虾科鼓虾属

形态特征　体长1.9~3.1 cm。额角无额脊，尖锐。眼罩有眼刺。柄刺伸至第一触角柄第二节中部。触角鳞片侧刺超过第一触角柄末端。第三颚足末节顶端有小的刷状刚毛。大螯平扁，可动指长约为螯长的1/3；掌上缘有一浅的横凹槽，下缘与该凹槽相对的位置有一浅的缢缩；指节末端圆形。小螯雌雄同形，掌节指关节基部有1个齿。第二步足腕节有5亚节。第三步足指节细长，长约为掌节长的1/3。

生态习性　栖息于热带及亚热带浅海，常常生活于珊瑚礁和海藻床海域。

地理分布　分布于中国南海以及南非东部、印度尼西亚、泰国、越南、菲律宾、澳大利亚、日本、夏威夷群岛等附近海域及红海。

经济价值　经济价值不大。

叶齿鼓虾

学　　名　*Alpheus lobidens* De Haan, 1849

别　　名　枪虾、手枪虾

分类地位　软甲纲十足目鼓虾科鼓虾属

形态特征　体墨绿色或乳黄色，大螯及腹部有黑色环纹。体长2.9~5.3 cm。额角尖锐，近似三角形，伸至近第一触角柄第一节末端，侧沟较浅，额脊不明显。头胸甲前端突出，完全包裹住两眼。第二触角鳞片退化，侧刺超过鳞片末端。第一步足不对称，大螯圆柱形，可动指基部内、外侧均无尖刺。第二步足腕节有5亚节。第三步足指节单爪。尾节后缘圆润。

生态习性　常常栖息于潮间带附近的泥沙和碎石下。

地理分布　中国各海域均有分布。日本附近海域以及从红海到夏威夷群岛的印度–西太平洋均有分布。

经济价值　经济价值不大。

珊瑚鼓虾

学　　名　*Alpheus lottini* Guérin-Méneville, 1838

别　　名　枪虾、手枪虾

分类地位　软甲纲十足目鼓虾科鼓虾属

形态特征　体长1.8～3.5 cm。额角长三角形，刺状，两侧有深纵沟；柄刺发达，伸至第一触角第二节中部；触角鳞片宽大；大螯光滑侧扁，无沟无脊。小螯约与大螯等长，掌节内侧有1个钝齿。第二步足腕节粗短，有5亚节。第三步足粗壮，座节有1个刺；指节粗钝，侧扁，内面有粗纵脊延至末端，末端下面有柔软的几丁质，非常独特。

生态习性　栖息于热带及亚热带浅海，常常生活在珊瑚礁海域。

地理分布　在中国主要分布于南海。广泛分布于印度－西太平洋，印度洋西部、太平洋东部也有分布。

经济价值　经济价值不大。

细额鼓虾

学　　名　*Alpheus parvirostris* Dana, 1852

别　　名　手枪虾

分类地位　软甲纲十足目鼓虾科鼓虾属

形态特征　有眼罩和心侧缺刻。额角长锐刺状；额脊明显，侧沟浅。第一触角柄刺末端尖锐，稍超出第一触角柄第一节末端。触角鳞片侧刺发达，超出触角鳞片叶片部分，第二触角基节侧刺发达。第三颚足有外肢。大螯较侧扁，长为宽的2.4～2.6倍。掌上缘近指关节基部有一窄而深的横沟，掌外侧面有一纵向窄沟，独立于掌上缘的横沟，掌下缘的肩部陡峭；大螯长节内下缘有2～3个刺。小螯长为宽的3倍左右。第二步足腕节有5亚节。第三步足座节有1个刺，指节单爪状。

生态习性　常栖息于潮间带到潮下带的浅海。

地理分布　中国南海近岸海域有分布。从红海、南非向东至社会岛的印度−太平洋有分布。

经济价值　经济价值不大。

蓝螯鼓虾

学　　名　*Alpheus serenei* Tiwari, 1964

别　　名　手枪虾

分类地位　软甲纲十足目鼓虾科鼓虾属

形态特征　有眼罩和心侧缺刻。额角锐三角形，额脊明显。第一触角柄长，柄刺尖锐。触角鳞片外侧缘稍微内凹，侧刺发达。第三颚足有外肢。大螯近长方形，长约为宽的2.4倍；掌部上缘有明显横沟，横沟向两侧延伸分别形成三角形和四边形凹陷，横沟近端的肩明显突出，悬在沟上，远端的肩不突出，圆润；长节内下缘末端有1个齿。雄性小螯长为宽的3.5～3.7倍，掌部没有缺刻，指节有1列刚毛。雌性小螯与雄性相似，但指节没有刚毛。第二步足腕节5亚节。第三步足座节有1个刺，长节近末端有1个尖齿，指节单爪状或有细微缺刻。

　　生态习性　常生活于潮间带到潮下带的浅海，较常栖息于珊瑚砾石中。

　　地理分布　中国南海近岸海域有分布。印度尼西亚、新加坡、泰国、越南、菲律宾、澳大利亚等附近的印度–西太平洋以及红海有分布。

　　经济价值　经济价值不大。

瘤掌合鼓虾

学　　名　*Synalpheus tumidomanus* (Paulson, 1875)

别　　名　手枪虾

分类地位　软甲纲十足目鼓虾科合鼓虾属

形态特征　有眼罩、心侧缺刻和颊角；眼罩前端突出，近锐角状。额角细长。第一触角柄细长，稍超出触角鳞片叶片部分末缘；柄刺锐角状，末端尖，约伸至第一触角柄第二节中部。第二触角柄侧刺短于柄刺，触角鳞片窄，外侧缘平直，侧刺发达。第三颚足有外肢。大螯座节粗短，长节上缘末端突出为三角状的尖齿。小螯掌部没有强壮齿。第二步足腕节有5亚节。第三步足粗短，长节略微长于掌节，指节长约为掌节的1/4，双爪状。

生态习性　常栖息于热带浅海的珊瑚礁中。

地理分布　中国南海近岸海域有分布。印度–西太平洋的热带浅海有分布。

经济价值　经济价值不大。

直额七腕虾

学　　名　*Heptacarpus rectirostris* (Stimpson, 1860)

分类地位　软甲纲十足目藻虾科七腕虾属

形态特征　体中等大小，青色或卵橙色。体长3.8～6.6 cm。额角短，上缘有5～6个齿，下缘有3～4个齿，有触角刺。单眼圆筒形。第三颚足雌雄异形。第一至第三步足有上肢，第一步足的长节有刺。腹部圆滑。第一至第三腹节侧甲的后缘圆弧形，第四、第五腹节侧甲的后缘有刺。雄性第一腹肢，内肢末端有钩状刚毛。尾节背面有4对活动刺，末端中央尖锐，两侧有3对刺。

生态习性　栖息于海水清澈的水深5～60 m岩石或泥沙底质海域，常附着于海藻或其他物体上，每年3～6月为繁殖期。

地理分布　在中国渤海、黄海有分布。日本、俄罗斯沿海有分布。

经济价值　经济价值不大。

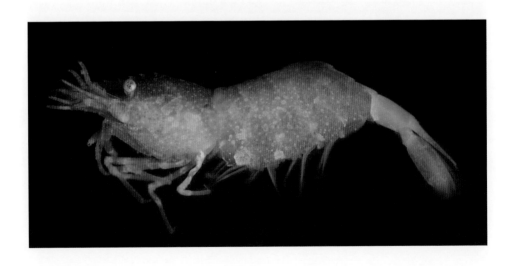

褐藻虾

学　　名	*Hippolyte ventricosa* H. Milne Edwards, 1837
分类地位	软甲纲十足目藻虾科藻虾属

形态特征　体长1.4～3.3 cm。额角背缘着生1～3个齿，腹缘着生3～5个齿；头胸甲有眼上刺、触角刺和鳃甲刺；第一触角柄基节末端有1个外侧缘刺，柄刺长。第三颚足有外肢，外肢较长。第二步足腕节有3亚节。后3对步足形态近似，指节有13～16个梳状刺；腕节外侧缘有1个刺；雄性个体第三步足指节和掌节呈亚螯状。

生态习性　栖息于热带浅海，常常生活于海草床、海藻床海域。

地理分布　分布于中国南海以及红海和莫桑比克、非洲东南部、马达加斯加、印度南部、安达曼群岛、新加坡、日本、菲律宾、印度尼西亚、大堡礁和澳大利亚以及夏威夷群岛等近岸海域。

经济价值　经济价值不大。

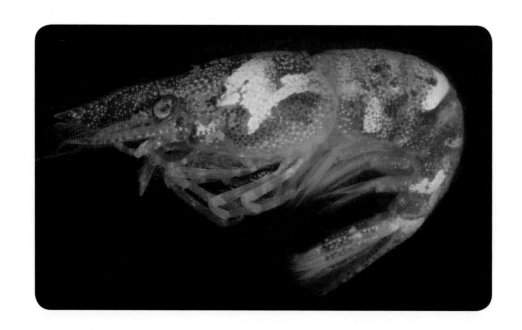

水母深额虾

学　　名　*Latreutes anoplonyx* Kemp, 1914

别　　名　水母虾

分类地位　软甲纲十足目藻虾科深额虾属

形态特征　体长2.5～5.6 cm。额角极度侧扁，背缘通常有7～22个齿，腹缘有6～11个较小齿；头胸甲有胃上刺及触角刺，前侧缘呈锯齿状；胃上刺较小，其后无疣状突起；柄刺圆锥状。第三颚足有外肢。第二步足腕节由3亚节构成。后3对步足形态相似，第三步足指节细长，末端单爪状，前4对步足有上肢。

生态习性　栖息于热带及温带浅海，常常生活于水母的口腕处。

地理分布　分布于中国各海域以及印度、缅甸、日本、菲律宾、印度尼西亚等附近海域。

经济价值　经济价值不大。

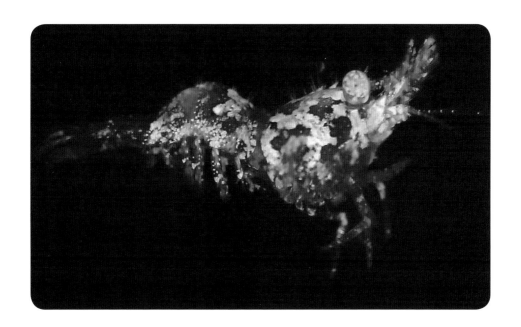

乳斑扫帚虾

学　　名　*Saron marmoratus* (Olivier, 1811)

别　　名　大理石虾

分类地位　软甲纲十足目藻虾科扫帚虾属

形态特征　体长2.8～7.8 cm。额角背缘有5～8个齿，其中后3个齿位于头胸甲上；腹缘着生5～8个齿；头胸甲有触角刺、鳃甲刺及小颊刺；腹部第四、第五腹节侧甲后下缘尖锐刺状；第六腹节侧后角有1个三角状活动薄板。第三颚足外肢发达。前4对步足有上肢及关节鳃。第二步足腕节有9～13亚节。后3对步足构造近似，指节双爪状。

生态习性　栖息于热带及亚热带浅海，常常生活于珊瑚礁海域。

地理分布　中国南海以及从红海到莫桑比克再到夏威夷群岛的整个印度-西太平洋热带海域均有分布。

经济价值　经济价值不大。

隐密扫帚虾

学　　名　*Saron neglectus* De Man, 1902

别　　名　大理石虾

分类地位　软甲纲十足目藻虾科扫帚虾属

形态特征　额角背缘有7个齿，其中后3个齿位于头胸甲上；腹缘有5个齿。头胸甲上长有发达的触角刺、颊刺和鳃甲刺。双层眼眶，眼角膜短于眼柄。腹部第四、第五腹节侧甲的后下缘尖锐刺状；第六腹节侧后角有一三角状活动薄板。第一触角柄第三节背缘末端有一尖锐三角刺。第二触角鳞片长约为宽的4倍，侧缘刺远远超出内侧薄片部分。第三颚足外肢发达。前4对步足有上肢及关节鳃。第一步足有明显的性别差异，成熟雄性个体第一步足异常强壮。第二步足腕节9～13亚节。后3对步足形态近似，长节末端侧缘均仅有一尖刺，指节双爪状。

生态习性　常栖息于热带海域的珊瑚礁中。

地理分布　中国南海近岸海域有分布。印度-西太平洋的热带海域以及红海有分布。

经济价值　经济价值不大。

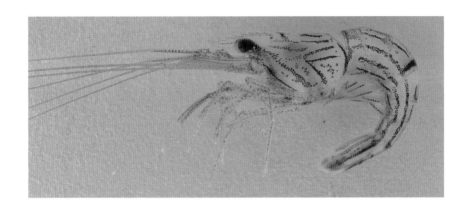

红条鞭腕虾

学　　名　*Lysmata vittata* (Stimpson, 1860)

别　　名　薄荷虾

分类地位　软甲纲十足目鞭腕虾科鞭腕虾属

形态特征　体透明，有红色条纹。体长2.5～3 cm。额角伸至第一触角柄第三节基部附近；背缘有6～10个齿，腹缘有3～6个齿。头胸甲上有胃上刺、触角刺以及颊刺。第三颚足细长，有外肢。第二步足形如鞭状，腕节有16～22亚节，长节有9～11亚节，座节末端有一亚节。后3对步足形态相似，指节末端双爪状。

生态习性　栖息于热带及温带浅海，常常生活于近岸浅海的泥沙底或岩隙间。

地理分布　分布于中国各海域。非洲东岸、马达加斯加、日本、菲律宾、印度尼西亚、澳大利亚等附近海域及红海均有分布。

经济价值　经济价值不大。

细额安乐虾

学　　名　*Eualus gracilirostris* (Stimpson, 1860)

分类地位　软甲纲十足目托虾科安乐虾属

形态特征　体长3.1～5.6 cm。额角背缘有5～7个齿，最后一齿着生于头胸甲之上；腹缘近尖端处着生2～4个齿。头胸甲有触角刺，颊刺有或无。第三颚足有外肢及上肢。第一步足有上肢，螯比较小。第二步足有上肢，腕节有7亚节。后3对步足形态相似，均没有上肢；第三步足指节双爪状。腹部第四、第五腹节侧甲后下缘为尖锐刺状。

生态习性　栖息于温带浅海的潮下带的碎石洼或海草区域。

地理分布　分布于中国北部海域以及日本海域。

经济价值　经济价值不大。

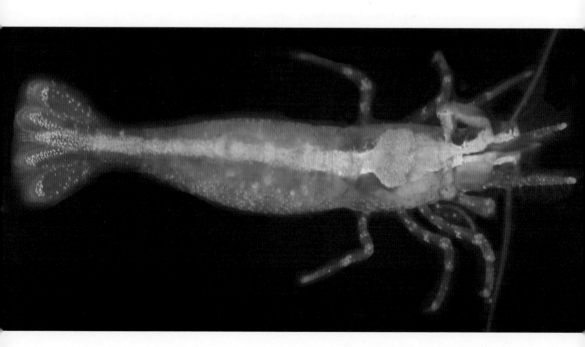

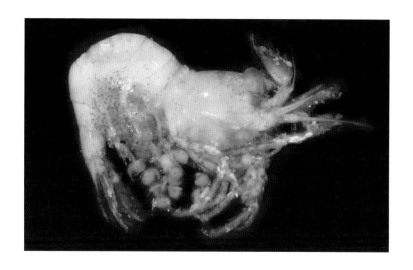

马岛拟托虾

学　　名　*Thinora maldivensis* Borradaile, 1915

分类地位　软甲纲十足目托虾科拟托虾属

形态特征　体长0.9～2.2 cm。额角背缘仅有1个齿。头胸甲有眼上刺和触角刺，第四、第五腹节侧甲后下缘呈尖锐刺状。第一触角第三节末缘背缘着生1个三角状活动薄板。第二步足腕节有6亚节。后3对步足形态相似；第三步足指节双爪状，长节末端有1个尖刺。雄性个体第二腹肢内肢没有雄性附肢。

生态习性　栖息于热带浅海，常常生活于海草床、海藻床以及珊瑚礁海域。

地理分布　广泛分布于印度-西太平洋。中国南海以及肯尼亚、毛里求斯、塞舌尔群岛、马尔代夫群岛、所罗门群岛、安达曼群岛、琉球群岛、大堡礁、巴布亚新几内亚、马里亚纳群岛、马绍尔群岛、库克群岛、基里巴斯和夏威夷群岛等附近海域均有分布。

经济价值　经济价值不大。

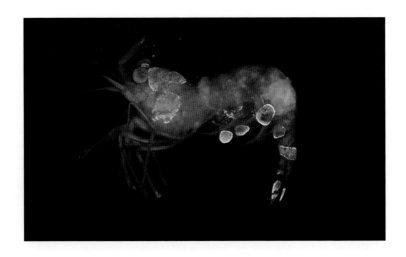

安波托虾

学　　名　*Thor amboinensis* (De Man, 1888)

分类地位　软甲纲十足目托虾科托虾属

形态特征　体长0.8~1.9 cm。额角背缘有2~4个齿，腹缘无齿。头胸甲仅有触角刺。第四、第五腹节侧甲后下缘呈尖锐刺状。第一触角柄第三节背侧末缘有一近三角状薄板；柄刺伸至第二节末缘，其外缘近身端有一小刺。第三颚足有外肢。第二步足腕节有6亚节。第三步足雌雄异形，雄性个体指节和掌节呈亚螯状，指节末端双爪状。

生态习性　栖息于热带浅海，喜与海葵或珊瑚共栖。

地理分布　分布于中国南海以及非洲东岸、琉球群岛、菲律宾、印度尼西亚、夏威夷群岛、百慕大群岛等附近海域及墨西哥湾、加勒比海、阿拉伯海、孟加拉湾。

经济价值　经济价值不大。

多齿船形虾

学　　名　*Tozeuma lanceolatum* Stimpson, 1860

别　　名　船虾

分类地位　软甲纲十足目藻虾科船形虾属

形态特征　额角长，至少为头胸甲长的2倍；背缘没有齿，腹缘有20～40个齿。头胸甲有触角刺及发达的颊刺。第三腹节侧甲背侧中后部强烈隆起，顶端有朝后的尖刺3个，其中中线上的尖刺最为强壮，其两侧的尖刺大小相同；第四、第五腹节侧甲背侧后缘向后延伸出刺状突起；第五腹节侧甲后下缘尖锐，后缘中部也有一尖刺。第三颚足粗短，末节扁平状。第二步足腕节3亚节。后3对步足构造近似，指节单爪，腹缘有4～5个小刺，长节末端外侧一般仅有1个活动尖刺。

生态习性　一般生活于水深30～1 350 m的海域。

地理分布　中国东海以及南海近海有分布。新加坡、菲律宾附近海域有分布。

经济价值　经济价值不大。

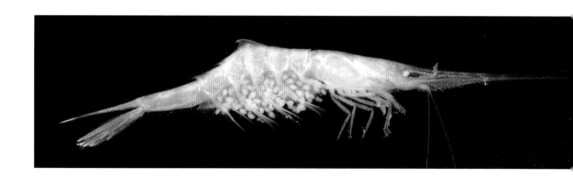

日本褐虾

学　　名　*Crangon hakodatei* Rathbun, 1902

别　　名　桃花虾、母猪虾、狗虾，曾称脊腹褐虾

分类地位　软甲纲十足目褐虾科褐虾属

形态特征　全身灰褐色，布满暗褐色的斑点。体长3～6 cm。体细长，体表粗糙不平，有短毛。额角狭长，通常能到达角膜的外缘。头胸甲上有触角刺、胃上刺、颊刺和肝刺。第一步足强大，半钳状，第二、第三步足较细。第三至第五腹节背中央有纵脊，第六腹节背中央下陷成沟。尾节背部有中沟。

生态习性　黄海、渤海常见底栖性虾类，生活于沙或泥沙底质的浅海，栖息于水深10～250 m的海域，能变换体色形成保护色，以逃避敌害。

地理分布　在中国渤海、黄海和东海北部有分布。日本附近海域也有分布。

经济价值　有一定经济价值。

葫芦贝隐虾

学　　名 *Anchistus custos* (Forskål, 1775)

分类地位 软甲纲十足目长臂虾科贝隐虾属

形态特征 体密布橙黄色小点。体长1～3 cm。额角伸过眼，侧扁，末端圆弧形，无齿。头胸甲无侧纵缝，无触角刺。第五腹节侧甲边缘圆弧形。尾节有3对后缘刺。第二触角鳞片发达，端侧刺伸不到鳞片的端缘。大颚无大颚须。第一步足腕节不分成亚节，螯卷曲形成半闭的管状构造。第二步足相似但不对称，螯指无对应的凹陷-活塞构造。第三步足长节折叠缘无刺，指节简单，非双爪状。

生态习性 成对生活于双壳类如砗磲、江瑶的外套腔中。

地理分布 在中国南海及台湾海域有分布。非洲东部、菲律宾、新加坡及澳大利亚南部、加罗林群岛、斐济群岛附近海域及红海都有分布。

经济价值 经济价值不大。

葫芦贝隐虾生态照

德曼贝隐虾

学　　名　*Anchistus demani* Kemp, 1922

分类地位　软甲纲十足目长臂虾科贝隐虾属

形态特征　体透明，有黑红色的小点。体长1～3 cm。额角伸过眼，侧扁，末端平截，背缘有2～3个齿，腹缘无齿。头胸甲无侧纵缝，无触角刺。第五腹节侧甲边缘圆弧形。尾节有3对后缘刺。第二触角鳞片发达，端侧刺伸不到鳞片的端缘。大颚无大颚须。第一步足螯不卷曲形成半闭的管状构造。第二步足相似但不对称，螯指无对应的凹陷–活塞构造。第三步足长节折叠缘无刺，指节呈模糊的双爪状。

生态习性　成对生活于砗磲的外套腔中。

地理分布　在中国南海有分布。安达曼群岛、泰国、越南、马来西亚、印度尼西亚、巴布亚新几内亚、澳大利亚大堡礁、新喀里多尼亚、马绍尔群岛、土阿莫土群岛附近海域都有分布。

经济价值　经济价值不大。

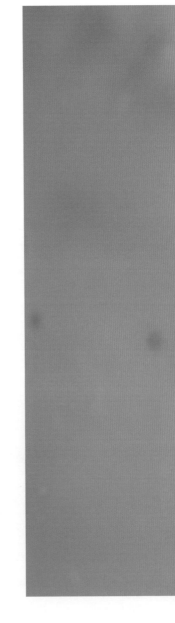

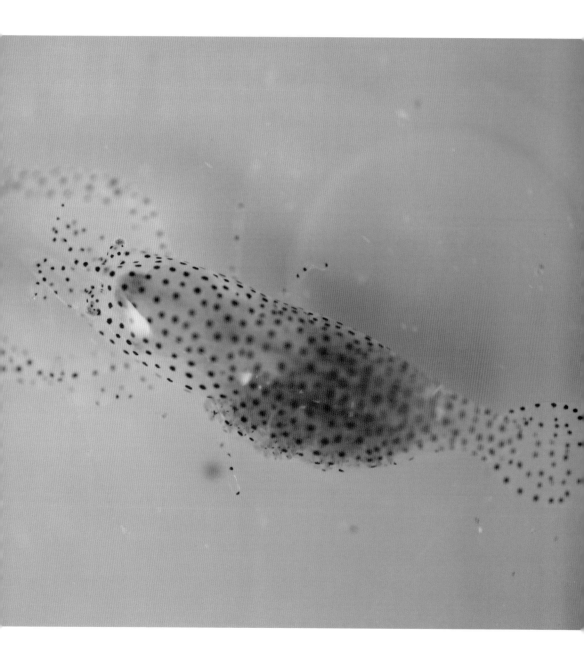

米尔斯贝隐虾

学　名　*Anchistus miersi* (De Man, 1888)

分类地位　软甲纲十足目长臂虾科贝隐虾属

形态特征　体透明，雄性有深红色小点，雌性有深蓝色小点。体长1～3 cm。额角伸过眼，侧扁；背缘有4～5个齿，腹缘有0～2个齿。头胸甲无侧纵缝，有明显的触角刺。第五腹节侧甲边缘圆弧形。尾节有3对后缘刺。第二触角鳞片发达，端侧刺不伸到鳞片的端缘。大颚无大颚须。第一步足螯不卷曲形成半闭的管状构造。第二步足相似但不对称，螯指无对应的凹陷−活塞构造。第三步足指节呈双爪状。

生态习性　成对生活于双壳类如砗磲、砗蚝、江瑶、珍珠贝、珠母贝的外套腔中。

地理分布　在中国南海及台湾海域有分布。非洲东部、新加坡、越南、马来西亚、菲律宾、印度尼西亚、日本、巴布亚新几内亚、澳大利亚、新喀里多尼亚、加罗林群岛、马绍尔群岛、土阿莫土群岛附近海域及红海都有分布。

经济价值　经济价值不大。

短腕弯隐虾

短腕弯隐虾生态照

学　　名　*Ancylocaris brevicarpalis* Schenkel, 1902

别　　名　海葵虾

分类地位　软甲纲十足目长臂虾科弯隐虾属

形态特征　体半透明，头胸甲上常有明显的白斑，步足末端粉红色。体长1～3 cm。雌雄异形，雌虾个体远大于雄虾，而且成体雌虾头胸甲背甲膨胀突起。额角近似水平，不伸过第二触角鳞片。头胸甲无眼上刺，肝刺不大于触角刺。尾节的背刺小。第一触角柄的基节有1个端侧刺；第二触角鳞片长远大于宽，端侧齿不伸达鳞片末端。第四胸节的腹板无细的中间突起。第一步足螯指切缘非梳状。第二步足对称，长节折缘无端齿。第三步足指节呈不明显的双爪状。

生态习性　成对生活，常与大海葵共生。

地理分布　在中国南海及台湾海域有分布。

经济价值　经济价值不大。

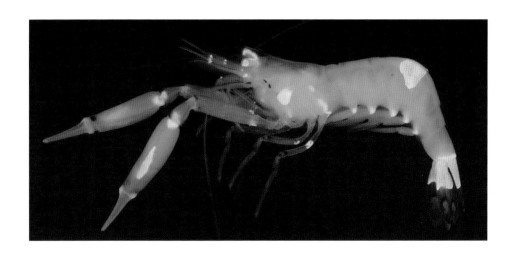

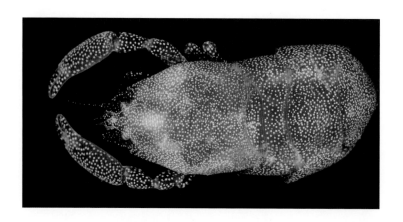

斑点江瑶虾

学　　名	*Conchodytes meleagrinae* Peters, 1852
分类地位	软甲纲十足目长臂虾科江瑶虾属

形态特征　体橙色，密布橙红色和白色小点。体长1～3 cm。额角伸过眼，平扁且无齿；头胸甲背腹平扁，无侧纵缝，除眼眶腹角尖锐外，头胸甲上无其他刺。尾节有2对背侧刺和3对后缘刺。第二触角鳞片发达，端侧刺远伸过鳞片的端缘。大颚无大颚须。第一步足腕节不分亚节，非勺形。第二步足对称或相似，螯指无对应的凹陷-活塞构造。第三步足长节折叠缘无刺，爪部和附加齿发达，呈两叉状。

生态习性　成对生活于双壳类的外套腔中。

地理分布　在中国南海有分布。红海、非洲东部直到夏威夷群岛海域都有分布。

经济价值　经济价值不大。

翠条珊瑚虾

学　名 *Coralliocaris graminea*
(Dana, 1852)

分类地位　软甲纲十足目长臂虾科珊
瑚虾属

形态特征　体浅绿色，有黑色、白
色、红色小斑点组成的细的纵条纹。体
长1～3 cm。额角伸过眼，前端侧扁。头
胸甲背腹平扁，除触角刺外无其他刺。尾
节有2对背侧刺和3对后缘刺。第二触角鳞
片发达，端侧刺不伸至鳞片的端缘。大颚
无大颚须。第一步足腕节不分亚节，指节
非勺形或亚勺形。第二步足对称，螯指有
对应的凹陷-活塞构造。第三步足指节折
叠缘有宽大的钩状或三角形突起。

生态习性　与鹿角珊瑚属的石珊瑚
共生。

地理分布　在中国南海及台湾海域
有分布。埃及、苏丹、沙特阿拉伯、肯尼
亚、坦桑尼亚、马达加斯加、塞舌尔群岛、
印度、安达曼群岛、印度尼西亚、菲律宾、
日本、萨摩亚群岛以东、斐济群岛、澳大利
亚、加罗林群岛、马绍尔群岛、新喀里多尼
亚附近海域及红海都有分布。

经济价值　经济价值不大。

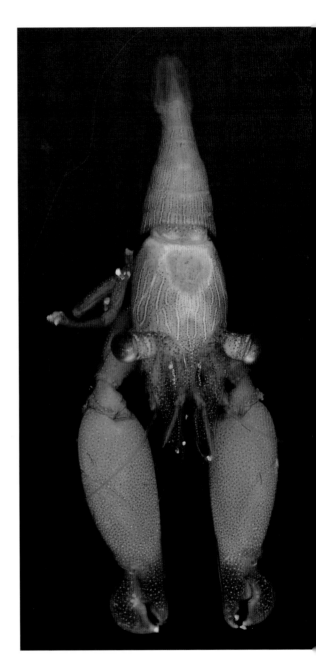

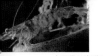

褐点珊瑚虾

学　名　*Coralliocaris superba* (Dana, 1852)

分类地位　软甲纲十足目长臂虾科珊瑚虾属

形态特征　头胸甲和腹部前半部白色，腹部后半部和附肢黄色，有褐色小点，尾扇后缘紫色。体长1～3 cm。额角伸过眼，前端侧扁。头胸甲背腹平扁，除触角刺外无其他刺。第二触角鳞片发达，端侧刺不伸至鳞片的端缘。大颚无大颚须。第一步足腕节不分亚节，指节非勺形或亚勺形。第二步足对称，螯指无凹陷-活塞构造。第三步足指节折叠缘有宽大的钩状或三角形突起。

生态习性　与鹿角珊瑚属的石珊瑚共生。

地理分布　在中国南海有分布。汤加群岛、埃及、苏丹、吉布提、肯尼亚、安达曼群岛、印度尼西亚、菲律宾、越南、日本、澳大利亚昆士兰、社会群岛等附近海域及红海都有分布。

经济价值　经济价值不大。

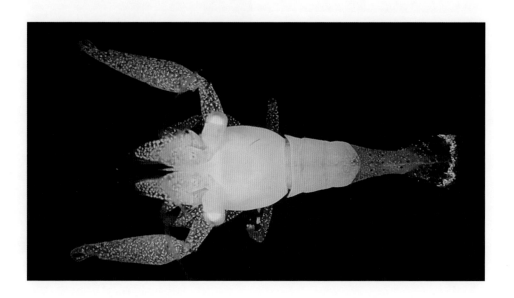

包氏拟钩岩虾

学　　名　*Harpiliopsis beaupresii* (Audouin, 1826)

分类地位　软甲纲十足目长臂虾科拟钩岩虾属

形态特征　体透明，有红褐色点状纵纹。体长1~3 cm。额角远伸过眼末端，侧扁。头胸甲稍微背腹平扁，无纵侧脊或侧缝，有触角刺和不动肝刺。第五腹节侧甲尖锐突出。尾节有细的背侧刺。第二触角鳞片发达，端侧刺不伸过鳞片末端。大颚无大颚须。第一步足腕节不分亚节，螯指非亚勺形。第二步足对称，螯指无凹陷-活塞构造。第三步足长节折叠缘无刺，指节简单，呈特殊的侧向扭曲。

生态习性　与多种石珊瑚共生。

地理分布　在中国南海有分布。埃及、莫桑比克、马达加斯加、安达曼群岛、印度尼西亚、泰国、新加坡、越南、菲律宾、日本、澳大利亚、马绍尔群岛、斐济群岛、社会群岛、土阿莫土群岛等附近海域都有分布。

经济价值　经济价值不大。

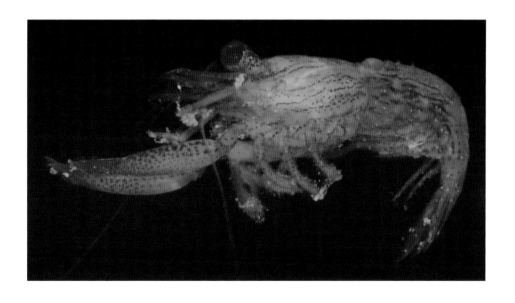

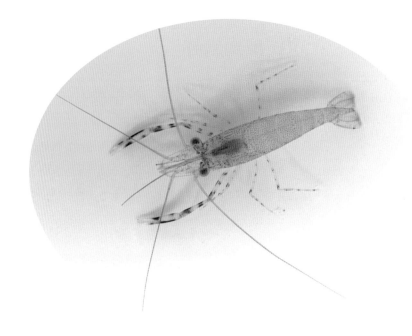

等齿沼虾

学　　名　*Macrobrachium equidens* (Dana, 1852)

分类地位　软甲纲十足目长臂虾科沼虾属

形态特征　体有棕褐色的斑纹，两螯上的斑纹则更为显著。体长通常7~8 cm。额角末端向上扬，通常伸至或超出第二触角鳞片的末端；背缘有10~12个齿，基部有3~4个齿在眼眶后缘的头胸甲上，腹缘有4~6个齿。第二步足，两性均对称，雄性显著长大，两指节的表面均密盖有厚刚毛；雌性较为短小，两指也仅在内外两侧和切缘有分散的毛。后3对步足相似。

生态习性　生活于河流的出海口附近，或生活于河口的咸淡水中。

地理分布　在中国福建泉州以南沿海有分布。从非洲直至琉球群岛、澳大利亚附近海域都有分布。

经济价值　有时亦有在近海区捕获，很常见，产量也大。

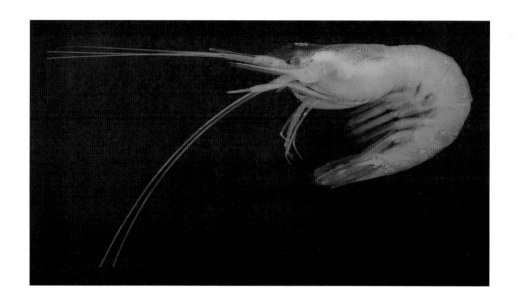

脊尾白虾

学　　名　*Palaemon carinicauda* Holthuis, 1950

别　　名　白虾、黄虾

分类地位　软甲纲十足目长臂虾科长臂虾属

形态特征　体透明，带蓝色或红棕色小斑点。体长5～9 cm。抱卵雌性第一至第五腹节两侧各有蓝色大圆斑。额角细长，末部1/3～1/4超出第二触角鳞片末端，稍向上扬起，基部有一个鸡冠状隆起；背缘有6～9个齿，末端有1个附加小齿，腹缘有3～6个齿。触角刺小，鳃甲刺较大，其上方有一明显的鳃甲沟。第二步足指节细长，两指切缘光滑。第三至第六腹节背面中央有明显的纵脊。

生态习性　夏、秋季繁殖，能连续多次产卵。

地理分布　分布于西太平洋。在中国各海域有分布，在渤海和黄海最为常见和占优势。

经济价值　为渤海和黄海重要的小型经济种。

葛氏长臂虾

学　　名　*Palaemon gravieri* (Yu, 1930)

分类地位　软甲纲十足目长臂虾科长臂虾属

形态特征　体半透明，略带淡黄色，全身有棕红色大块斑纹，第一至第三腹节背甲与侧甲之间为浅色横斑。体长4～6 cm。额角上缘基部平直，末端1/3细，稍微向上扬起；背缘有11～17个齿，末端有1～2个较小的附加齿，腹缘有5～7个齿。触角刺与鳃甲刺近似等大，鳃甲沟明显。第二步足长，指节显著短于掌节，可动指基部有2个齿状突起。后3对步足十分纤细，掌节远长于指节。

生态习性　栖息于泥沙底质浅海或河口附近水域。不做远距离洄游，冬季在深水域越冬，春季游向沿岸河口附近水域产卵。

地理分布　中国近海的地方性特有种，仅在中国渤海、黄海、东海和台湾海峡水深70～80 m的浅海有分布。朝鲜半岛西岸、南岸以及日本附近海域也有分布。

经济价值　产量较大，为主要经济虾类。

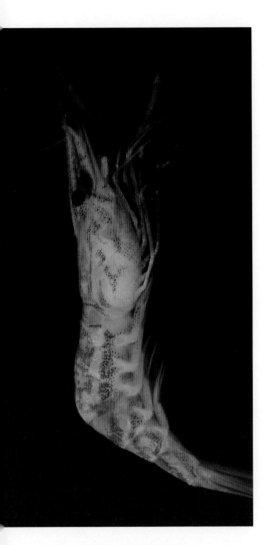

巨指长臂虾

学　　名　*Palaemon macrodactylus* Rathbun, 1902

分类地位　软甲纲十足目长臂虾科长臂虾属

形态特征　体半透明，稍微带黄褐色及棕褐色斑纹，其背面的条纹较模糊。体长3～5.5 cm。卵小，呈棕绿色。额角基部平直，末部向上弯曲，超出第二触角鳞片的末端；背缘有10～13个齿，有3个齿位于眼眶缘后方的头胸甲上，末端有1～2个附加齿。触角刺与鳃甲刺近似等大。第二步足指节稍微短于掌节。后3对步足指节细长，掌节远长于指节。

生态习性　生活于潮间带、浅海和河口内半咸水域。

地理分布　在中国沿海有分布。日本以及朝鲜半岛沿海有分布，后来陆续引入美洲太平洋岸、大西洋东岸、地中海，已形成自然种群。

经济价值　为经济种，但数量不大。

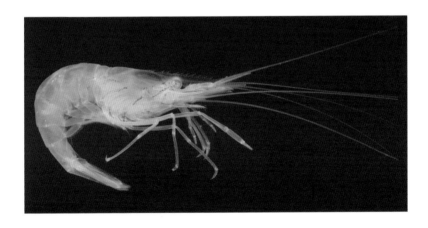

太平长臂虾

学　　名　*Palaemon pacificus* (Stimpson, 1860)

分类地位　软甲纲十足目长臂虾科长臂虾属

形态特征　体透明，头胸部有黑褐色斜斑纹，腹部有同色横斑。体长2～4 cm。额角基部平直，末端向上翘，超出第二触角鳞片的末端；背缘有7～8个齿，基部有2～3个齿位于眼眶缘后的头胸甲上，末端有1～2个附加小齿，腹缘有4个齿。头胸甲的触角刺稍微大于鳃甲刺。第二步足掌节长于指节。后3对步足较粗短。第五步足指节伸至第二触角鳞片的末端附近。

生态习性　在沿岸、潮间带岩沼中常见。

地理分布　在中国浙江以南各省沿海有分布。广泛分布于印度-太平洋，南非、东非、苏伊士、印度、朝鲜半岛、日本、印度尼西亚、土阿莫土群岛至夏威夷群岛附近海域及红海均有分布。

经济价值　有一定的经济价值，数量不多。

锯齿长臂虾

学　　名　*Palaemon serrifer* (Stimpson, 1860)

分类地位　软甲纲十足目长臂虾科长臂虾属

形态特征　体无色透明，头胸甲有纵向排列的棕色细纹，腹部各节有同样的横纹及纵纹。体长一般3 cm。额角末端不向上弯曲，侧面看较宽，大约伸至第二触角鳞片的末端附近，背缘有9~11个齿，有2~3个齿位于眼眶后缘的头胸甲上，末端有1~2个附加小齿，腹缘有3~4个齿。触角刺与鳃甲刺大小相似。第二步足掌节长于指节。第三步足掌节远长于指节。

生态习性　生活于沙或泥沙底质的浅海中，通常在低潮线附近浅水的岩沼石隙间隐藏，退潮时易找到，是常见种。

地理分布　中国从北至南各省区沿海常见。印度、缅甸、泰国、印度尼西亚、澳大利亚、朝鲜半岛、日本等附近海域都有分布。

经济价值　有一定的经济价值，产量不大。

白背长臂虾

学　　名　*Palaemon sewelli* (Kemp, 1925)

分类地位　软甲纲十足目长臂虾科长臂虾属

形态特征　体两侧遍布紫红色小斑点，背面自头胸甲前端至尾节中部为灰白色带。最大体长3.4 cm。额角上缘基部平直，末部微上扬，稍微超出第二触角鳞片末端；背缘有14～16个齿，其中基部4个齿在头胸甲上眼眶缘后，末端2个齿很小，接近额角端刺，腹缘有3～5个齿。头胸甲触角刺与鳃甲刺近似等大。第二步足掌节与指节近似等长。第三至第五步足纤细，指节稍长于掌节的一半。

生态习性　生活于沿岸低盐浅水。

地理分布　在中国南海有分布。印度（果阿）、孟加拉国附近海域也有分布。

经济价值　有一定的经济价值，数量不大。

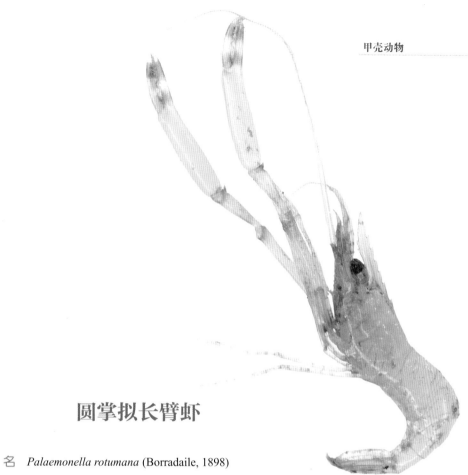

圆掌拟长臂虾

学　　名　*Palaemonella rotumana* (Borradaile, 1898)

分类地位　软甲纲十足目长臂虾科拟长臂虾属

形态特征　体透明，步足各节末端有浅黄色环状条纹。体长1～2.5 cm。额角伸过第一触角柄，侧扁且侧脊不发达。头胸甲在眼上刺处有小突起，无鳃甲沟，有触角刺和不可动肝刺。腹部第五节侧甲后下角尖。大颚须两节。第四胸节腹板有细的中间突起。第二步足对称，腕节有2个小的尖锐端缘刺，无亚缘刺，长节折缘有尖锐端齿，座节无齿。第三步足指节短于掌节的一半。

生态习性　自由生活或栖息于浅海有死的珊瑚骨骼的环境中。

地理分布　在中国南海有分布。东非、菲律宾、印度尼西亚、夏威夷群岛附近海域及东地中海、红海都有分布。是印度–太平洋区域的常见种。

经济价值　有一定的经济价值。

细螯虾

学　　名　*Leptochela gracilis* Stimpson, 1860

别　　名　麦秆虾、钩子虾、铜管子

分类地位　软甲纲十足目玻璃虾科细螯虾属

形态特征　体小而透明，表面散布红色的斑点，腹部各节后缘的红色较浓。体长约 4 cm。甲壳厚且光滑。眼球形，眼柄短。额角短小，刺状。头胸甲上没有刺或脊。腹部第四、第五腹节的背面有纵脊，第五腹节背面的末缘突出成1个长刺。尾节扁平，两侧有2对可动刺，末端突出，有5对可动刺。尾肢略短于尾节。第一、第二步足的钳细长，内缘梳状。后3对步足同形，第四对步足有一较大的座节刺。

生态习性　生活于泥或沙底质的浅海，春、夏季数量多。

地理分布　在中国海区均有分布。朝鲜半岛、日本沿海有分布。

经济价值　有一定的经济价值。

强壮微肢猥虾

学　　名　*Microprosthema validum* Stimpson, 1860

分类地位　软甲纲十足目俪虾科微肢猥虾属

形态特征　体长1~2 cm。额角基部宽，呈三角形，不超过第二触角鳞片；背缘有5~8个齿，腹缘有0~1个齿，侧缘无齿。头胸甲有多个强壮的短刺，指向前方；颈沟明显。第三到第五腹节背甲有一道明显的中央纵脊。尾节宽矛状，背面有两道对称的纵脊，脊上有3个刺。第三步足最发达，掌节宽胖，稍向内弯，背缘有一道脊，腹部背缘有刺，内表面有大量小疣状突起。第四、第五步足结构相似，指节分两叉。

生态习性　生活于热带、亚热带浅海。

地理分布　在中国东海、南海有分布。在印度洋分布于红海、马纳尔湾、毛里求斯等附近海域，在西太平洋分布于日本、菲律宾、新几内亚、澳大利亚北部等海域。

经济价值　经济价值不大。

 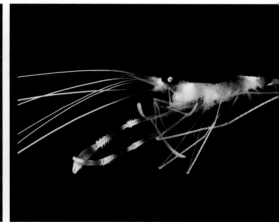

多刺猬虾

学　　名　*Stenopus hispidus* (Olivier, 1811)

别　　名　拳师虾

分类地位　软甲纲十足目猬虾科猬虾属

形态特征　体有红白相间的斑纹，第三步足基部蓝色。体长2～4 cm。额角细长，背缘有6～8个强壮的齿刺，两侧缘各有1排2～8个刺，腹缘无刺。头胸甲多刺，刺细长且多呈纵列排布。腹节的背甲密布锐刺。尾节的背面有两道对称的纵脊，每条脊上有5～7个大刺。第三步足最强健，左、右步足几乎等大，各节有刺。第四、第五步足腕节、掌节分成亚节，指节分两叉。

生态习性　多分布于热带、亚热带浅海，多见于珊瑚礁海域。

地理分布　在中国的南海及台湾海域有分布。马达加斯加、菲律宾、日本、新几内亚、夏威夷群岛、格陵兰、巴哈马、佛罗里达、百慕大群岛、古巴附近海域及红海、墨西哥湾都有分布。

经济价值　有观赏价值。

天鹅龙虾

学　　名　*Panulirus cygnus* George, 1962

别　　名　水姑娘（中国台湾）

分类地位　软甲纲十足目龙虾科龙虾属

形态特征　体褐色或浅褐色，头胸部的背面有黑色突起。平均体长8～10 cm。触角板上有1对大刺，后缘有小刺。口器有6对。眼位于眼柄的末端。步足5对，用于爬行。第一步足粗短，第二至第五步足细长，各步足的指节腹侧有刚毛，雌性第五步足有爪。外壳分节，会随着个体发育长大而脱壳。

生态习性　通常栖息于岩石间和珊瑚礁中，多分布于水深0～90 m海域，偶尔分布于水深120 m处。

地理分布　分布于澳大利亚西海岸。

经济价值　经济价值较高。为中国市场上的进口海鲜。

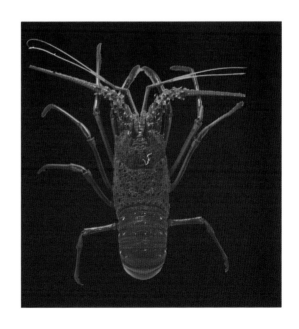

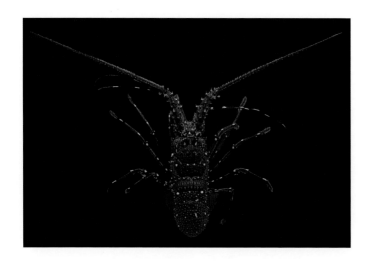

长足龙虾

学　　名　*Panulirus longipes longipes* (A. Milne-Edwards, 1868)

别　　名　花点龙虾、珠仔虾、红虾、菲律宾龙虾、白须龙虾（中国台湾）

分类地位　软甲纲十足目龙虾科龙虾属

形态特征　体深褐色，尾扇色较浅，全身散布黄白色的斑点。一般体长20～25 cm，步足有1条浅色的纵带。触角板上有1对大刺，后缘有斜列成行的小刺。第二至第五腹节背板上的横沟与侧甲沟相连。第三颚足的外肢有鞭。

生态习性　通常栖息于岩石间和珊瑚礁中，栖息水深小于18 m。

地理分布　生活在印度-西太平洋的热带和亚热带地区，在中国台湾沿海有分布。从马达加斯加和非洲东海岸到马来西亚、日本、菲律宾、印度尼西亚、巴布亚新几内亚和澳大利亚北部海域均有分布。

经济价值　经济价值较高。南方市场上可见。

> **小贴士**
>
> 　　与天鹅龙虾的主要区别：长足龙虾全身有很多黄白色的斑点，步足有浅色的纵带；天鹅龙虾头胸部的背面有黑色突起，仅腹部有少数几个白色斑点，步足无纵带。

锦绣龙虾

学　　名　*Panulirus ornatus* (Fabricius, 1798)

别　　名　青龙

分类地位　软甲纲十足目龙虾科龙虾属

形态特征　体表呈绿色，头胸甲略为蓝色。腹部各节包括尾柄背面中部有黑色宽横带，各步足棕色，上有黄白色圆环，腹肢呈黄色，卵为橙色。体长20～60 cm。头胸甲略微呈圆筒状，刺少且小，前缘有大小不同的刺。眼大且呈肾状，眼上刺粗大。腹部光滑无横沟，侧甲前缘平滑，但第二至第五侧甲基部后缘呈锯齿状。尾节背面观为长方形，末缘呈圆弧形。

生态习性　通常栖息在岩礁或泥沙底质的浅海。可食用，产量不大，外壳可作为装饰品。

地理分布　在中国东海、南海、台湾海域均有分布。日本、印度、印度尼西亚、新加坡、菲律宾、澳大利亚、东非附近海域都有分布。

经济价值　经济价值较高。

蟹 类

　　蟹类体型宽扁，少数窄长。头胸部包被发达的头胸甲。头胸甲的形状因种而异，有圆形、梭形、梯形、扇形、方形等。腹部退化平扁，折在头胸甲的腹面。蟹的腹部通常退化成薄片状折弯到头胸甲下方，称为蟹脐。雌蟹的蟹脐很宽，而且成年的雌蟹通常会抱卵；而雄蟹的蟹脐很窄，紧贴在头胸甲腹面的凹槽中。约90%的蟹类栖息于海洋，许多种类为食用经济蟹类。

　　为方便介绍，本书将瓷蟹、寄居蟹、椰子蟹、蝉蟹等形态上与蟹类相近的类群也放在本部分介绍（分类学上真正的蟹类并不包括这些种类）。

　　它们肉味鲜美，有丰富的蛋白质、钙、磷、铁和维生素，如三疣梭子蟹、日本鲟等，已经被广泛养殖，以供应海鲜市场，丰富人们的饮食，提高人们的生活品质。各种蟹类粉碎后可用作鱼类、家畜和家禽的饲料。

和尚蟹

雌蟹腹面（箭头所指为蟹脐）

雄蟹腹面（箭头所指为蟹脐）

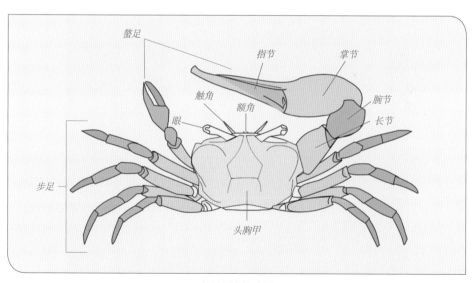

蟹的形态模式图

装饰拟豆瓷蟹

学　　名　*Enosteoides ornatus* (Stimpson, 1858)

分类地位　软甲纲十足目瓷蟹科拟豆瓷蟹属

形态特征　头胸甲卵圆形，长3.5～5 mm。额中叶末端向下弯曲，额背面观呈三角形；肝区边缘有1个刺，鳃区的侧缘向外凸出，有多个刺。螯足腕节前缘锯齿状；掌节扁平，背面外半部有多个大而圆的突起，近半部有小而矮的突起。步足长节前缘有1～3个小刺，腕节末端有1～2个刺，前节后缘有5个可动棘，指节后缘有4～5个棘。

生态习性　栖息于潮下带珊瑚礁缝隙中。

地理分布　分布于中国东海、南海及台湾海域。国外分布于巴基斯坦、印度、澳大利亚、日本附近海域。

经济价值　经济价值不大。

雕刻厚螯瓷蟹

学　　名　*Pachycheles sculptus* (H. Milne Edwards, 1837)

分类地位　软甲纲十足目瓷蟹科厚螯瓷蟹属

形态特征　头胸甲长小于宽，长2.5~3.5 mm。额中叶末端向下垂直弯折，鳃区的侧缘没有刺。侧壁隔断分为两部分。螯足粗壮而且左右不等大；腕节背面前缘有2~4个宽齿；掌节表面（特别是小螯）有4条鳞片状或颗粒状突起组成的纵脊，有些个体大螯上的脊呈不规则排列。步足长节前缘没有刺，前节后缘有4个可动棘，指节后缘有3个棘。

生态习性　潮间带到水深180 m的珊瑚礁海域，或栖息于海绵中。

地理分布　分布于中国南海。广泛分布于印度洋和太平洋中西部的热带和亚热带海区。

经济价值　经济价值不大。

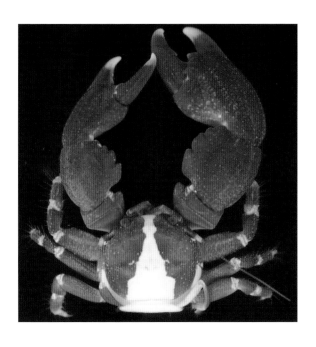

中国常见海洋生物原色图典·**节肢动物**

鳞鸭岩瓷蟹

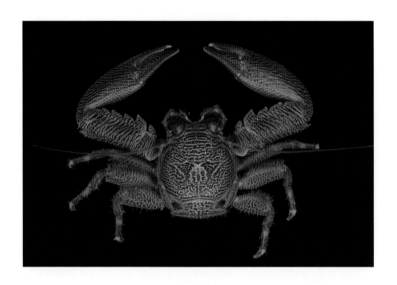

学　　名　*Petrolisthes boscii* (Audouin, 1826)

分类地位　软甲纲十足目瓷蟹科岩瓷蟹属

形态特征　头胸甲长略大于宽，长3～12 mm，背面长有许多长短不一的横隆脊。胃区的隆脊长且明显隆起；额近似三角形；前鳃刺有1对，鳃区的侧缘没有棘刺。螯足各节的背面都有长隆脊，腕节前缘有3～5个齿。步足长节前缘没有棘刺，但长有1列硬刚毛；第一步足的腕节有1个末端刺；前节后缘有4个可动棘；指节后缘有3个棘。

生态习性　生活于潮间带岩石缝隙中。

地理分布　分布于中国东海、南海及台湾海域。还分布在琉球群岛、小笠原群岛、日本本州、朝鲜半岛、越南附近海域。

经济价值　经济价值不大。

> **小贴士**
>
> 　该种和哈氏岩瓷蟹一样属于较大型的瓷蟹。鳞鸭岩瓷蟹头胸甲和螯足表面有许多条明显隆起的横脊，使得该种容易与其他潮间带瓷蟹相区别。

哈氏岩瓷蟹

学　　名　*Petrolisthes haswelli* Miers, 1884

分类地位　软甲纲十足目瓷蟹科岩瓷蟹属

形态特征　头胸甲近似卵圆形，长4～14 mm。额近似三角形；前鳃刺有1对，鳃区的侧缘没有棘刺。螯足腕节背面前缘有4～6个齿；掌节没有棘刺，背面有大量短小的横褶线，褶线有时隆起呈小的瘤突。步足长节前缘长有浓密的羽状刚毛，但没有棘刺；第一步足腕节前缘有末端刺；前节后缘有4个可动棘；指节末端爪粗短，后缘有3个棘。

生态习性　生活于潮间带岩石缝隙中。

地理分布　分布于中国东海、南海。广泛分布于西太平洋热带和亚热带海区。

经济价值　经济价值不大。

> **小贴士**
>
> 　　哈氏岩瓷蟹和拉氏岩瓷蟹是中国南方潮间带常见的瓷蟹种类，两者形态非常相似。哈氏岩瓷蟹头胸甲和螯足表面通常会长有更多的短纹和刚毛，步足长节前缘的羽状刚毛更粗壮；自然生活的拉氏岩瓷蟹螯足掌节外缘有时还会有成列的白色斑点。

日本岩瓷蟹

学　　名　*Petrolisthes japonicus* (De Haan, 1849)

分类地位　软甲纲十足目瓷蟹科岩瓷蟹属

形态特征　头胸甲卵圆形，长3～11 mm。额似三角形；没有前鳃刺，鳃区的侧缘没有棘刺。螯足腕节背面前缘近端有1个窄的齿（有时2个），其余部分光滑，后缘末端有2～3个刺；掌节没有刺。步足长节前缘没有刺，第一步足腕节前缘有1个末端刺，前节后缘有5个可动棘，指节后缘有3个小棘。

生态习性　生活于潮间带岩石缝隙中。

地理分布　分布于中国东海、南海及台湾海域。琉球群岛、小笠原群岛、日本本州、朝鲜半岛、越南附近海域也有分布。

经济价值　经济价值不大。

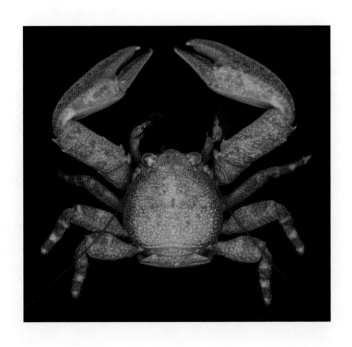

拉式岩瓷蟹

学　名　*Petrolisthes lamarckii* (Leach, 1820)

分类地位　软甲纲十足目瓷蟹科岩瓷蟹属

形态特征　头胸甲卵圆形，长5～9 mm。额近似三角形；前鳃刺有1对，鳃区的侧缘没有棘刺。螯足腕节背面前缘有3～4个齿，后缘有3个刺；掌节较光滑，没有刺。步足长节前缘没有棘刺，但覆有成列的纤细的软刚毛和少量硬刚毛；第一步足腕节前缘有时有1个末端刺；前节后缘有4个可动棘；指节较长，后缘有3个可动棘。

生态习性　生活于潮间带岩石缝隙中。

地理分布　分布于中国南海。广泛分布于印度洋和太平洋中西部的热带和亚热带海区。

经济价值　经济价值不大。

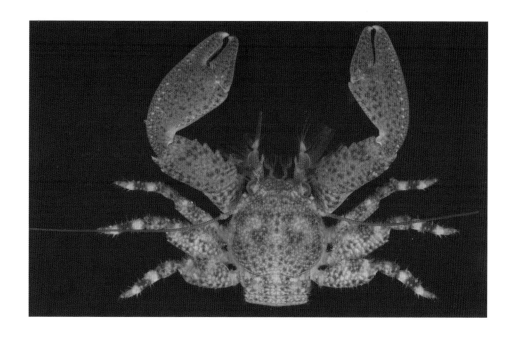

三叶岩瓷蟹

学　名　*Petrolisthes trilobatus* Osawa, 1996

分类地位　软甲纲十足目瓷蟹科岩瓷蟹属

形态特征　头胸甲近似卵圆形，长4～7 mm，表面几乎没有毛。额分成三叶；前鳃刺有1对，鳃区的侧缘没有棘刺。螯足腕节背面前缘有3个齿；掌节没有刺，背面有大量短细的褶线。步足长节前缘在末端1/3处有1个刺，第一步足腕节前缘有1个末端刺，前节后缘有4个可动棘，指节后缘有3个棘。

生态习性　生活于潮间带岩石缝隙中和潮下带珊瑚礁中。

地理分布　分布于中国南海。琉球群岛、印度尼西亚、新喀里多尼亚附近海域及泰国的西部沿海均有分布。

经济价值　经济价值不大。

锯额豆瓷蟹

学　　名　*Pisidia serratifrons* (Stimpson, 1858)

分类地位　软甲纲十足目瓷蟹科豆瓷蟹属

形态特征　头胸甲近似卵形，长2～10 mm。额三叶型，边缘有细锯齿；肝区边缘有2～3个刺，鳃区侧缘有1～2个小刺。左、右螯足不等大，指节扭曲；雄性大螯明显粗壮，刺较少；小螯各节刺较多，其掌节背面中央的隆脊有时长有小刺。步足长节前缘没有刺；第一步足腕节前缘末端有2个刺，其余步足1个刺；前节后缘有5～6个可动棘；指节后缘有5个棘。

生态习性　生活于潮间带到浅海（有记录水深68 m）。栖息于砾石、泥底质海底，多孔的岩石缝隙，或海藻、贝壳上，或见于珊瑚礁、海绵中。

地理分布　分布于中国黄海、东海、南海。分布于西北太平洋亚热带和温带海区。

经济价值　经济价值不大。

解放眉足蟹

学　　名　*Blepharipoda liberata* Shen, 1949

别　　名　海知了

分类地位　软甲纲十足目眉足蟹科眉足蟹属

形态特征　头胸甲长约2 cm，背面平滑无毛。额前缘有3个三角形齿，中央齿略小，为额角；头胸甲前侧缘有4个齿。腹部左右对称，折于胸部下方。眼柄细长柱状，分为两节。第一步足亚螯状。第二至第四步足指节呈薄镰刀状。第五步足细长，亚螯状，折于头胸甲后侧缘。

生态习性　在潮间带和潮下带沙底质海底掘洞栖息。

地理分布　分布于中国山东、辽宁等沿海的潮间带。国外分布于朝鲜半岛和日本沿海。

经济价值　有一定经济价值。

细鞭足蟹

学　名　*Mastigochirus gracilis*
(Stimpson, 1858)

分类地位　软甲纲十足目蝉蟹科
鞭足蟹属

形态特征　头胸甲表面长有很多
横脊，头胸甲长2～3 cm，额前缘长有
3个齿，前侧缘有6～10个齿。第二触
角鞭短小。第一胸足细长，指节长而
分节，类似触角鞭；第二和第三胸足
的指节背缘凹陷。尾节侧缘直，近乎
平行。

生态习性　栖息于潮下带沙底质
海底。

地理分布　分布于中国东海、南
海和台湾等近岸海域。

经济价值　经济价值不大。

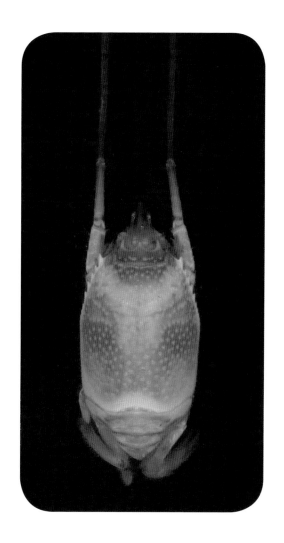

无刺窄颚蟹

学　名　*Oedignathus inermis* (Stimpson, 1860)

分类地位　软甲纲十足目软腹蟹科窄颚蟹属

形态特征　头胸甲前窄后宽，胃区稍隆起，两侧鳃区膨大，头胸甲表面覆盖有鳞片状和扁平状的疣突。额三角形。外眼窝角钝圆。右螯远大于左螯，各节背面有扁平的疣突，腕节前缘有一壮刺或突起。前3对步足粗壮，各节前缘没有棘刺，第四步足折叠在鳃腔内。腹部柔软，成囊状，折叠在头胸甲下方。

生态习性　栖息于低潮线附近的岩石缝下或海藻间。

地理分布　中国渤海和北黄海沿岸有分布。北太平洋东西两岸有分布。

经济价值　经济价值不大。

精致硬壳寄居蟹

学　　名　*Calcinus gaimardii* (H. Milne Edwards, 1848)

分类地位　软甲纲十足目活额寄居蟹科硬壳寄居蟹属

形态特征　额角小，近三角形。螯足发达；左螯十分强大，远大于右螯，可动指、不动指及掌部上侧面有紧密排列的颗粒状突起。右螯掌部和腕节背缘锯齿状，外侧面有颗粒状突起。第三步足指节稍短于掌节，其末缘为黑色角质刺，腹缘有小刺和刚毛；掌节腹缘有刚毛，其末端部分的刚毛长刷状；腕节外侧角有1个大刺。尾节中缝较小，左后叶稍大于右后叶。

生态习性　寄居于芋螺、蝾螺、凤螺、马蹄螺等的螺壳中，多栖息于珊瑚礁、沙底质海域。

地理分布　中国南海、台湾海域有分布。日本南部、印度尼西亚、肯尼亚、莫桑比克、新几内亚等附近的印度–西太平洋有分布。

经济价值　经济价值不大。

中国常见海洋生物原色图典·**节肢动物**

光螯硬壳寄居蟹

学　　名　*Calcinus laevimanus* (Randall, 1840)

分类地位　软甲纲十足目活额寄居蟹科硬壳寄居蟹属

形态特征　额角近三角形，末端尖锐。螯足发达，左、右螯显著不相等，左螯远大于右螯；左螯螯部十分强大，长与宽近似相等；右螯掌节与左螯掌节形态相近，腕节背缘有一浅沟。第三步足的指节稍短于掌节，指节和掌节腹缘没有刷子状刚毛，仅指节腹缘有稀疏的簇生短刚毛，腕节背缘外侧较末端有1个齿。尾节左、右后叶不对称，左后叶较大。

生态习性　热带种，常寄居于蟹手螺科、平螺科等种类的螺壳内，栖息于珊瑚礁、沙底质海底、泥岸等环境。

地理分布　中国南海有分布。日本、菲律宾、印度尼西亚、肯尼亚、毛里求斯、澳大利亚、科科斯群岛、圣诞岛等附近的印度-西太平洋有分布。

经济价值　经济价值不大。

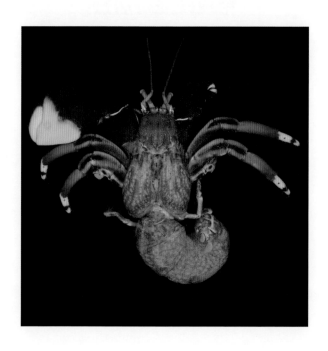

美丽硬壳寄居蟹

学　　名　*Calcinus pulcher* Forest, 1958

分类地位　软甲纲十足目活额寄居蟹科硬壳寄居蟹属

形态特征　楯部近椭圆形，长大于宽。额角小，钝三角形。螯足发达，左螯显著大于右螯；左螯可动指和不动指切缘均有大齿状突起；右螯掌部和腕节外侧缘背部有刺。第二步足腕节背缘外侧末端有刺；第三步足指节明显短于掌节；指节和掌节腹缘没有长刷状刚毛，有稀疏的短刚毛；指节末端有黑色角质刺。尾节左、右后叶几乎对称，中缝小。

生态习性　一般栖息于热带珊瑚礁海域。

地理分布　中国南海有分布。安达曼海、日本、越南、印度尼西亚、科科斯群岛、澳大利亚、马约特岛等附近的印度–西太平洋有分布。

经济价值　经济价值不大。

瓦氏硬壳寄居蟹

学　　名　*Calcinus vachoni* Forest, 1958

分类地位　软甲纲十足目活额寄居蟹科硬壳寄居蟹属

形态特征　楯部呈心形，长略大于或等于宽。额角钝三角形。螯足发达，左螯显著大于右螯；左螯可动指和不动指切缘均有突起；右螯掌部上缘有数个小刺，腕节背缘有小刺。第三步足指节约为掌节长的4/5，指节腹缘有角质刺；掌节末端腹缘和指节腹缘有簇状长刚毛；腕节背缘外侧角有1个强壮齿。尾节左、右后叶显著不对称，左后叶较大；两者间的中缝较小，两后叶末缘锯齿状。

生态习性　一般栖息于热带珊瑚礁、岩礁海域。

地理分布　中国南海有分布。索马里、毛里求斯、马约特岛、密克罗尼西亚、日本、越南、澳大利亚、法属玻利尼西亚等附近的印度－西太平洋的热带海域有分布。

经济价值　经济价值不大。

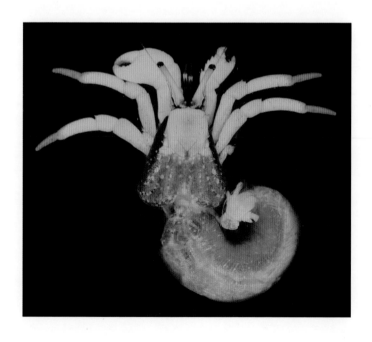

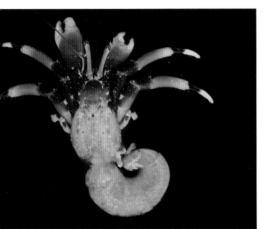

蓝绿细螯寄居蟹

学　名　*Clibanarius virescens* (Krauss, 1843)

分类地位　软甲纲十足目活额寄居蟹科细螯寄居蟹属

形态特征　楯部近方形，长略大于宽。额角三角形，末端尖锐。左、右螯几乎相等，右螯比左螯稍大，形态相似；螯指闭合状态时有间隙，两指切缘均有大齿状突起。第三步足指节稍短于掌节，背侧缘有脊状突起，腹缘有6～7个角质刺，背腹缘均有簇状长刚毛；掌节背侧缘有瘤状脊，末缘有1～2个刺状突起，腹缘有小刺；腕节背末端有刺。尾节中缝很小，左、右后叶略不对称，两后叶末缘中部锯齿状。

生态习性　温带和热带种，一般栖息于珊瑚礁、沙底质海底、海草床等环境。

地理分布　中国东海南部、南海有分布。日本、泰国、印度尼西亚、澳大利亚、新喀里多尼亚、肯尼亚、马达加斯加、马约特岛、莫桑比克、塞舌尔、索马里、坦桑尼亚、毛里求斯、斐济岛等附近海域及红海、阿拉伯海北部海域有分布。

经济价值　经济价值不大。

艾氏活额寄居蟹

学　　名　*Diogenes edwardsii* (De Haan, 1849)

分类地位　软甲纲十足目活额寄居蟹科活额寄居蟹属

形态特征　体浅褐色或墨绿色。头胸甲颈沟的前方部分壳硬，两侧有横皱褶。额角小，尖刺状，能活动。眼柄粗长。第二触角鳞片的内侧有一列小刺。左螯大，右螯小；左螯腕节三角形，掌节扁平，其上、下缘及指节有刺状的突起，背面有毛（头胸甲长度在10 mm以下）或光滑无毛（头胸甲长度在18 mm以上）；右螯指节和掌节有长毛。第二、第三步足腕节及掌节前缘有小刺，指节长。腹肢4对。

生态习性　生活在沙滩或沙泥底质海域，常寄居在阔口螺内，多与海葵共生，栖息水深为0～97 m。

地理分布　广泛分布于中国各海区。日本、新加坡、菲律宾及东非沿海及波斯湾均有分布。

经济价值　经济价值不大。

宽带活额寄居蟹

学　名 *Diogenes fasciatus* Rahayu & Forest, 1995

分类地位 软甲纲十足目活额寄居蟹科活额寄居蟹属

形态特征 楯部近盾形，长与宽相等或长稍大于宽。额角退化。左、右螯不对称，左螯明显大于右螯；螯指闭合时没有缝隙，两指切缘均有圆突起。步足指节长于掌节，其长为掌节长的1.4～1.5倍，背腹缘均有刚毛，外侧面有一浅纵沟；腕节背缘末端有2～3个小刺。尾节左、右后叶不对称，中缝很小，左后叶大于右后叶，末缘均为锯齿状。

生态习性 热带种，可寄居于多种螺内。

地理分布 中国南海有分布。新加坡、印度尼西亚等附近海域有分布。

经济价值 经济价值不大。

同形寄居蟹

学　　名　*Pagurus conformis* De Haan, 1849

分类地位　软甲纲十足目寄居蟹科寄居蟹属

形态特征　楯部心形，宽明显大于长。额角退化。左、右螯不对称，右螯大于左螯；右螯螯部及各节表面有齿状突起，侧缘有长刚毛；左螯形态与右螯相似。前两对步足较长，形态相似；指节细长，为掌节长的1.6～1.8倍，背外侧缘有小刺，腹内缘有细小的角质刺。尾节左、右后叶不对称，左后叶稍大于右后叶，有明显的中缝，左、右后叶末缘及侧缘为强烈锯齿状。

生态习性　温带和热带种，常寄居于螺壳中。

地理分布　中国黄海、东海、南海有分布。日本近岸海域有分布。

经济价值　经济价值不大。

库氏寄居蟹

学　　名　*Pagurus kulkarnii* Sankolli, 1962

分类地位　软甲纲十足目寄居蟹科寄居蟹属

形态特征　楯部近似心形，长略大于宽。额角小，钝角状。左、右螯不对称，右螯大于左螯；螯指切缘锯齿状，可动指及不动指表面有颗粒状突起，掌部表面有小颗粒状突起；左螯形态与右螯近似。前两对步足形态相似，步足指节几乎等长于掌节，顶端有大的角质刺，腹缘有5～6个小角质刺。尾节左、右后叶不对称，有明显的中缝，左后叶稍大于右后叶，后叶后缘呈锯齿状。

生态习性　热带种，常寄居于螺壳中。

地理分布　中国南海有分布。泰国、巴基斯坦、印度等的近岸海域有分布。

经济价值　经济价值不大。

小形寄居蟹

学　　名　*Pagurus minutus* Hess, 1865

分类地位　软甲纲十足目寄居蟹科寄居蟹属

形态特征　楯部长大于宽，楯部长3~6 mm。额角三角形或宽圆。眼鳞有小的末缘刺。两颚足较分离。右螯大于左螯。右螯掌节的背面有分散的小刺和结节，背侧缘有大刺；左螯掌节的背面凸圆，背侧缘有小刺。步足指节长于掌节，指节侧面和内中面有浅且长的沟壑。腹缘有角质刺。尾节中缝宽，左、右后叶有2或3个大刺。

生态习性　生活于潮间带和潮下带的沙滩上或沙泥底质的潮下带，有时会分布于河口区，栖息水深为0~5 m。

地理分布　在中国东北沿岸海域及台湾海域有分布。日本、俄罗斯、韩国附近海域均有分布。

经济价值　经济价值不大。

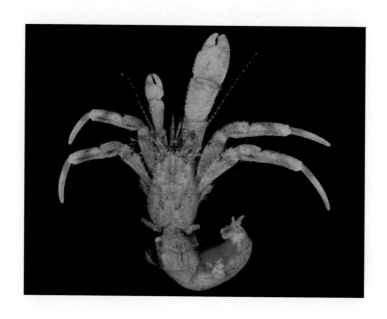

大寄居蟹

学　　名　*Pagurus ochotensis* Brandt, 1851

别　　名　虾怪、寄居虾

分类地位　软甲纲十足目寄居蟹科寄居蟹属

形态特征　头胸甲较扁平，长5 cm，额角短宽。第二触角鳞片似三菱形。右螯显著大于左螯，螯足表面和边缘生有许多刺状的颗粒突起，腕节背缘的突起较大。第二、第三步足扁平，腕节、掌节和指节背面长有许多刺突。第四、第五步足细小，呈亚螯状。腹肢退化，仅左侧有。

生态习性　为北温带冷水性物种，生活于潮下带浅海。

地理分布　分布于中国渤海和黄海。国外跨北太平洋分布，包括朝鲜半岛、日本和北美洲附近的海域。

经济价值　经济价值较高。

德汉劳绵蟹

学　　名　*Lauridromia dehaani* (Rathbun, 1923)

分类地位　软甲纲十足目绵蟹科劳绵蟹属

形态特征　体大，头胸甲很宽，表面密布短软毛和成簇的硬刚毛，分区可分辨。额有3个齿。头胸甲前侧缘有4个齿，末两齿的间距小；后侧缘斜直，有一齿。螯足粗壮，左、右螯等大；掌节粗壮，宽大于长；可动指长于掌节，两指的基半部有绒毛，内缘有8～9个钝齿。前两对步足瘦长，长节背缘隆起。末两对步足短小，位于背面，末两节各有一小刺，相对呈钳状。

生态习性　热带和温带种，栖息于水深8～150 m的细沙、泥沙碎壳底质海底。

地理分布　中国东海、南海及台湾海域有分布。韩国、日本、印度尼西亚、印度、马达加斯加、南非沿海及亚丁湾、红海有分布。

经济价值　经济价值不大。

逍遥馒头蟹

学　　名　*Calappa philargius* (Linnaeus, 1758)

别　　名　元宝蟹

分类地位　软甲纲十足目馒头蟹科馒头蟹属

形态特征　雄性头胸甲宽约7.5 cm，雌性宽约9.1 cm。头胸甲背部隆起，表面长有5条纵列的疣状突起，侧面长有软毛；前侧缘长有颗粒状的齿，后侧缘有3个齿，后缘中部有1个圆钝齿，其两侧各长有4个三角形锐齿。额窄，额缘凹陷。眼后方有半环状的斑纹。螯足外侧有大的斑点。步足细长且光滑。

生态习性　栖息于潮下带水深30～100 m的沙或泥沙底质的海底。

地理分布　分布于中国东海、南海及台湾沿海。国外分布于朝鲜半岛、日本、印度尼西亚、新加坡附近海域及波斯湾、红海。

经济价值　有一定的经济价值。

环纹金沙蟹

学　　名　*Lydia annulipes* (H. Milne-Edwards, 1834)

分类地位　软甲纲十足目团扇蟹科金沙蟹属

形态特征　步足各节有紫红色环纹。头胸甲横卵形，雄性头胸甲宽约2.3 cm，雌性宽约2.9 cm；背部隆起，表面较光滑，肝区与鳃区的前面各有1条横行深沟。额宽小于头胸甲宽的一半，有4个钝叶。眼窝圆杯状，背缘、腹缘的内角相互接触。第二触角鞭退化。螯足不对称，大螯可动指内缘有齿，其基部的1个齿大而钝，不动指内缘有钝齿，小螯两指内缘也有不甚低平的三角形齿。步足光滑，指节爪状有短绒毛。尾节钝三角形。

生态习性　生活于近岸带或珊瑚礁浅海中，为珊瑚礁海域中的常见种。

地理分布　在中国的西沙群岛、台湾海域有分布。日本、印度尼西亚、夏威夷群岛、土阿莫土群岛、塔希提岛、萨摩亚群岛、斐济、马绍尔群岛、吉尔伯特群岛、塞舌耳群岛等附近海域及阿曼湾均有分布。

经济价值　经济价值不大。

平额石扇蟹

学　名　*Epixanthus frontalis* (H. Milne-Edwards, 1834)

分类地位　软甲纲十足目团扇蟹科石扇蟹属

形态特征　头胸甲近椭圆形，宽大于长，宽2.3～3.1 cm；背面扁平；额缘及前侧缘的表面有微细颗粒，其他部分光滑。胃区与心区间有H形浅痕。额前缘的背面中部有一浅凹，前面观有4个低平的突起。眼窝小，前侧缘薄而锐，分为4叶，后侧缘较为平直。螯足光滑，不对称，腕节内末角有2个齿，指节瘦长呈灰黑色，大螯仅两指末端可以并拢。步足细长、扁平且光滑，前节末部及指节均有短刚毛。尾节三角形。

生态习性　生活于低潮线的沙底质或有卵石的沿岸海区，为暖水种。

地理分布　在中国南海和台湾海域有分布。从日本、菲律宾、新喀里多尼亚、澳大利亚、泰国、马来群岛、印度、斯里兰卡到非洲东岸海域及红海均有分布。

经济价值　经济价值不大。

红斑斗蟹

学　　名　*Liagore rubromaculata* (De Haan, 1835)

分类地位　软甲纲十足目扇蟹科斗蟹属

形态特征　头胸甲呈横卵形，全身有对称分布的红色圆斑，表面平滑而隆起，有微细的凹点，分区不明显。头胸甲前侧缘光滑且没有齿，与后侧缘相连处略有不明显的棱角。额宽，中间被一细缝分为2叶。左、右螯对称，光滑；长节边缘有短毛，腕节外末角及内末角钝而突出。步足瘦长，呈圆柱状，平滑有光泽，指节尖锐，均有短毛。雄性腹部呈长三角形，第三至第五腹节愈合，但节缝可分辨。

生态习性　热带种，生活于水深15~30 m的岩石岸边及珊瑚礁海域中。

地理分布　中国东海、南海有分布。日本、夏威夷群岛、印度、东非近岸海域和红海有分布。

经济价值　经济价值不大。

隆线强蟹

学　　名　*Eucrate crenata* (De Haan, 1835)

分类地位　软甲纲十足目宽背蟹科强蟹属

形态特征　头胸甲近圆方形，光滑，有红色小斑点，又有细小颗粒。额分为明显的2叶，中央有缺刻。头胸甲前侧缘比后侧缘短，稍拱起，有3个齿，中间齿最突，末齿最小。螯足光滑；腕节隆起，背面末部有1丛绒毛；掌节有斑点；指节比掌节长，两指间的空隙大。步足光滑，长节前缘多少有颗粒，有短毛，其他节也有短毛。雄性腹部呈锐三角形，第六节的宽大于长。

生态习性　温带和热带种，生活于水深30～100 m的泥沙底质海底上，亦隐匿在低潮线的石块下。黄姑鱼常捕食此蟹。

地理分布　中国沿海有分布。日本、泰国、印度沿海及朝鲜海峡、红海有分布。

经济价值　经济价值不大。

刺足掘沙蟹

学　　名　*Scalopidia spinosipes* Stimpson, 1858

分类地位　软甲纲十足目掘沙蟹科掘沙蟹属

形态特征　头胸甲近半圆形，前半部向前下方倾斜，表面光裸，分区可分辨。额稍突出，中部被一浅凹分成2个平叶。眼窝小，眼柄很短，从背面观只能见到眼的一小部分。头胸甲前侧缘呈弧形，隆脊状，后侧缘近于平行。雄性螯足长节呈三棱形，腕节表面呈菱形，掌节扁平，背腹缘的末半部为尖锐的隆脊形，大螯两指较粗壮。步足较细长，长节的前缘和后缘均有明显小刺。雄性腹部略呈条状，分为7节。

生态习性　生活于水深约20 m的多贝壳的泥沙底质海底。

地理分布　中国东海、南海有分布。印度尼西亚沿海、马达班湾、泰国湾、马纳尔湾、孟加拉湾有分布。

经济价值　经济价值不大。

豆形拳蟹

学　　名　*Pyrhila pisum* (De Haan, 1841)

分类地位　软甲纲十足目玉蟹科豆形拳蟹属

形态特征　体淡青色。头胸甲近圆球形，宽很少超过4 cm，表面隆起有颗粒，心区六角形，前面有一横沟。额短，前缘中部稍凹。螯足粗壮；长节圆柱形；腕节的内缘有粗颗粒；掌节扁平，短于指节，背面有中央隆起。步足光滑，近圆柱形；指节扁平，边缘薄而尖锐。雄性腹部锐三角形，分为3节；雌性腹部长卵形，分为4节。

生态习性　栖息于内湾潮间带泥滩上。

地理分布　在中国各海区均有分布。朝鲜、日本、印度尼西亚、新加坡、菲律宾、加利福尼亚附近海域均有分布。

经济价值　经济价值不大。

强壮武装紧握蟹

学　　名　*Enoplolambrus validus* (De Haan, 1837)

分类地位　软甲纲十足目菱蟹科武装紧握蟹属

形态特征　头胸甲近似菱形，雄性头胸甲宽约4.5 cm，雌性宽约7.7 cm；胃区、心区与鳃区隆起，各区之间有深沟相隔，各区隆起处长有大小不等的疣状突起。额末部呈锐三角形或刺。肝区和鳃区边缘之间有1个缺刻。螯足长而且大，两指末部黑色。步足扁平，长节前后缘、腕节和前节的前缘长有锯齿。

生态习性　生活于泥沙底质深海。

地理分布　广泛分布于中国渤海、黄海、东海和南海。国外分布于朝鲜半岛、日本、澳大利亚、东南亚附近海域。

经济价值　经济价值不大。

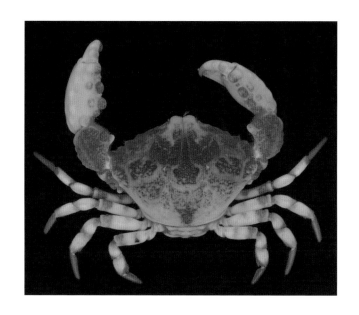

五角暴蟹

学　　名　*Halimede ochtodes* (Herbst, 1783)

分类地位　软甲钢十足目腹胚亚目静蟹科暴蟹属

形态特征　头胸甲五角形，长达3 cm，宽大于长。头胸甲表面隆起，光滑。额分2叶，各叶前缘钝切，向中部倾斜。头胸甲前侧缘有4个圆钝的疣状突起。螯足粗壮；长节短小，背缘有6个疣状突起；腕节内末角有2个圆形疣状突起；掌节的背缘以及与腕节的相连接处有大小不等的疣状突起6个，外侧面的上半部有分散的圆钝突起，可动指的背缘基部有2个疣状突起，两指的内缘有三角形齿。各对步足的指节前、后面均密布绒毛。

生态习性　营底栖生活，栖息于水深20～50 m的泥底质或泥沙底质海底。

地理分布　中国南海有分布。日本、马来西亚、新加坡、泰国、印度沿海及红海均有报道。

经济价值　经济价值不大。

颗粒拟关公蟹

学　　名　*Paradorippe granulata* (De Haan, 1841)

分类地位　软甲纲十足目关公蟹科拟关公蟹属

形态特征　头胸甲的宽稍大于长，表面密布微细颗粒。额稍突出，前缘凹，分成2个三角形齿，背面可以看见内口沟隆脊。内眼窝齿短小，外眼窝齿较锐，约抵至额齿末端，腹眼窝齿短小。雄性左、右螯不对称，除两指外，表面均有颗粒；掌部背缘有短绒毛，并延伸至可动指基半部；前两对步足无绒毛，表面密布颗粒；末两对步足短小，有绒毛。雄性腹部第三至第六腹节有横行隆线，第三、第六节腹面两侧有2个隆块。

生态习性　热带和温带种，生活在泥沙底质的浅海海底。

地理分布　中国黄海、东海、南海及台湾海域有分布。日本、朝鲜等近岸海域有分布。

经济价值　经济价值不大。

疏毛杨梅蟹

学　　名　*Actumnus setifer* (De Haan, 1835)

分类地位　软甲纲十足目毛刺蟹科杨梅蟹属

形态特征　头胸甲宽约1.6 cm。头胸甲圆厚，隆起，前半部半圆形，后半部窄，表面有细绒毛，分区明显，去毛后可见均匀的小颗粒。额突起，向前弯曲，前缘中部有一V形缺刻。背眼窝缘隆起，边缘有颗粒，内眼窝角钝角状，外眼窝角三角形。螯足不对称，大螯可动指的内缘有2个齿，不动指的内缘有臼齿，小螯两指的内缘各有3~4个齿。步足表面有绒毛。雄性第一腹肢细长，末端指状。尾节锐三角形。

生态习性　生活于岩石缝或珊瑚礁浅海中。

地理分布　在中国东海、南海有分布。日本、泰国、塔希提岛、澳大利亚、印度、南非等附近海域及波斯湾、红海均有分布。

经济价值　经济价值不大。

光滑异装蟹

学　　名　*Heteropanope glabra* Stimpson, 1858

分类地位　软甲纲十足目毛刺蟹科异装蟹属

形态特征　头胸甲宽约1 cm，表面光滑，分区不明显。额较宽，中部被1条浅的纵沟分为2叶，前侧缘包括外眼窝齿在内共有4个齿。螯足腕节、掌节宽大，表面光滑，腕节内末端角突出呈齿状。步足细长，表面有稀疏的刚毛。

生态习性　常常生活于潮间带水泽区域。

地理分布　分布于中国南海。日本、澳大利亚、帕劳、新加坡、东非等附近海域也有分布。

经济价值　经济价值不大。

细点圆趾蟹

学　　名　*Ovalipes punctatus* (De Haan, 1833)

别　　名　沙蟹

分类地位　软甲纲十足目圆趾蟹科圆趾蟹属

形态特征　头胸甲宽稍大于长，宽一般为3.2~12 cm，胃区后方有明显的H形浅沟。额长有4个齿，背眼窝缘有1个壮刺；头胸甲前侧缘有5个齿。螯足长节前缘没有棘刺；腕节内角有1个粗壮刺；掌节背面长有3条纵行的颗粒隆脊，最内1条末端有1个刺。步足长节末缘长有环状角质隆脊。雄性腹部3~5节愈合。

生态习性　栖息于水深42~130 m的沙、泥沙和碎壳底质海底。

地理分布　分布于中国黄海南部、东海和台湾海域。日本、朝鲜半岛、澳大利亚、新西兰、非洲东岸和南美洲西岸海域均有分布。

经济价值　有一定的经济价值。

近亲蟳

学　　名　*Charybdis (Charybdis) affinis* Dana, 1852

分类地位　软甲纲十足目梭子蟹科蟳属

形态特征　头胸甲表面有绒毛，前半部有横行的细隆线：额区、侧胃区和后胃区各有1对隆线，中胃区与前鳃区各有1条，后半部无隆线。额缘分6个齿，中间的2个齿稍突出。前侧缘有6个齿，第一齿钝切，稍向内弯，第二至第五齿向后逐渐增大，末齿较小，向侧方突出，超过前方各齿。螯足膨大，掌节厚，背面有2条隆脊及5个刺，末部的2个刺很小，外侧面有3条光滑的隆脊，内侧面有1条光滑的隆脊。游泳足长节后缘末端处有1个粗壮刺。

生态习性　温带和热带种，生活于沙或泥沙底质的浅海海底。

地理分布　中国东海、南海以及台湾海域有分布。泰国、新加坡、马来西亚、印度尼西亚、印度等近岸海域有分布。

经济价值　有一定经济价值。

双斑蟳

学　　名　*Charybdis* (*Gonioneptunus*) *bimaculata* (Miers, 1886)

分类地位　软甲纲十足目梭子蟹科蟳属

形态特征　头胸甲宽大于长，宽约3.5 cm，表面有密集短绒毛及散布低矮的锥形颗粒。额前缘有6个锐齿，中部2个齿的齿尖突出。头胸甲前侧缘有6个齿，其中第一齿最大，第二齿最小，第三到第五齿依次减小，第六齿刺状。螯足长节前缘有3个齿，后缘末端有1个小刺。游泳足长节后缘近末端有1个长刺。雄性第一腹肢粗壮，末端外侧有1个长刺，内侧有小刺。

生态习性　常常栖息于沙、泥或泥沙混合的多碎石、贝壳底质的浅海。

地理分布　分布于中国黄海、东海、南海。朝鲜半岛东南岸、日本、澳大利亚、印度、马尔代夫群岛等附近海域均有分布。

经济价值　经济价值较高。

锈斑蟳

学　　名　*Charybdis* (*Charybdis*) *feriata* (Linnaeus, 1758)

别　　名　花蟹、花市仔、火烧公、十字蟹、花蠘仔

分类地位　软甲纲十足目梭子蟹科蟳属

形态特征　头胸甲宽约11 cm，表面光滑，中线上有1条纵向带状橘黄色斑纹，与前胃区横向同色带斑纹交叉，头胸甲背面其他部分也有红黄相间的锈斑。胃心区有H形沟。额前缘有6个锐齿。头胸甲前侧缘有6个齿。螯足粗壮，长节前缘有3～4个齿。雄性第一腹肢端部细长，外侧有密刚毛，内侧有刺状刚毛。第六腹节宽大于长度。

生态习性　栖息于近岸浅海海底或珊瑚礁的礁盘上。

地理分布　分布于中国东海、南海、台湾海域。日本、澳大利亚、印度、东非、马达加斯加等附近海域也有分布。

经济价值　经济价值较高。

日本蟳

学　　名　*Charybdis* (*Charybdis*) *japonica* (A. Milne-Edwards, 1861)

别　　名　石甲红

分类地位　软甲纲十足目梭子蟹科蟳属

形态特征　头胸甲横卵圆形，宽约9 cm；表面常长有绒毛，胃区、鳃区长有隆脊。额分6个齿，中央2个齿突出；背眼窝缘有2个缝；头胸甲前侧缘长有6个齿。螯足长节前缘有3个齿；腕节内末角有1个强壮的刺，外侧面有3个小刺；掌节表面有3个隆脊，长有5个刺。游泳足长节后缘近末端有1个锐刺。雄性腹部三角形，第六腹节宽大于长。

生态习性　低潮线至50 m水深均有其身影，多生活于有水草、泥沙和石块的浅海海底。

地理分布　分布于中国各海区。日本、朝鲜半岛、马来西亚附近海域及红海有分布。

经济价值　经济价值较高。

晶莹蟳

学　　名　*Charybdis* (*Charybdis*) *lucifera* (Fabricius, 1798)

分类地位　软甲纲十足目梭子蟹科蟳属

形态特征　头胸甲宽约9.5 cm，光裸无毛，背面有数条横行隆线，有细颗粒状突起；分区不明显，鳃区各有2个斑点。额前缘有6个齿，中部4个齿近似等大；头胸甲前侧缘有6个齿，最后一齿最小，前五齿依次增大。螯足左右略微不对称，长节前缘3个齿；游泳足长节后缘近末端有1个刺。雄性第一腹肢宽大，向末端渐细，末1/3向外弯曲。

生态习性　栖息于亚热带和热带浅海。

地理分布　分布于中国台湾海域。日本、泰国、马来西亚、印度尼西亚、斯里兰卡、印度等附近海域也有分布。

经济价值　有一定的经济价值。

武士蟳

学　　名　*Charybdis (Charybdis) miles* (De Haan, 1835)

分类地位　软甲纲十足目梭子蟹科蟳属

形态特征　头胸甲卵圆形，宽约6 cm，表面有密短绒毛，分区模糊；中鳃区有成团的颗粒，其后缘有浅黄色眼斑。额前缘有6个锐齿，中部2个齿较长；内眼窝齿尖；头胸甲前侧缘有6个锐齿。第三颚足座节光滑，有凹点，长节外侧角突出。螯足大，长节前缘有4~5个齿；游泳足长节后缘末端有2~3个小刺。雄性第一腹肢端部细长。腹部第二与第三节有横脊，第四节有短脊。尾节三角形。

生态习性　栖息于水深10~200 m的沙或泥底质的海底。

地理分布　分布于中国东海、南海及台湾海域。日本、澳大利亚、菲律宾、新加坡、印度等附近的印度–西太平洋浅海也有分布。

经济价值　有一定的经济价值。

善泳蟳

学　　名　*Charybdis (Charybdis) natator* (Herbst, 1794)

分类地位　软甲纲十足目梭子蟹科蟳属

形态特征　头胸甲隆起，表面密布绒毛；除末齿外，前侧齿基部附近的头胸甲表面有颗粒；表面有长短不等的颗粒隆脊，心区有1对隆脊，中鳃区、后鳃区共有3对隆脊。额分6个齿。头胸甲前侧缘有6个齿，第一齿末端平钝，第二至第四齿大小相近；后缘与后侧缘均有颗粒隆脊。螯足粗壮，覆有绒毛及颗粒；掌节表面共有6条隆脊，背面有5个刺，腹面鳞形颗粒横向排列。游泳足长节后末角有1个刺，前节后缘锯齿状。

生态习性　热带和温带种，生活于水深30～310 m的沙或沙泥底质浅海海底。

地理分布　中国东海、南海有分布。日本、印度尼西亚、菲律宾、马来西亚、新加坡、泰国、越南、澳大利亚、印度、巴基斯坦、马达加斯加、非洲东岸沿海及波斯湾、红海有分布。

经济价值　有一定经济价值。

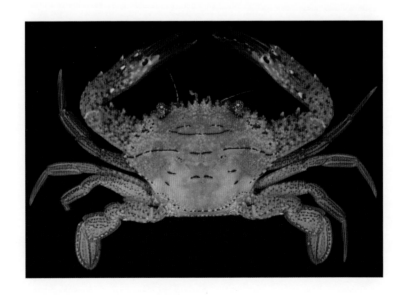

直额蟳

学　　名　*Charybdis (Goniohellenus) truncata* (Fabricius, 1798)

分类地位　软甲钢十足目梭子蟹科蟳属

形态特征　头胸甲长约3 cm，宽为长的2倍多；背面密覆绒毛；额后区与侧胃区各有1对颗粒隆线，中鳃区及心区有成对的颗粒群。额有6个钝齿，第二侧齿与第一侧齿间隔较深。头胸甲前侧缘有6个齿，第一齿斜切，第二至第四齿逐渐增大且尖锐。头胸甲后缘平直，两端角状。螯足粗壮，长节的前缘有3个刺，表面有颗粒隆脊；腕节有3条颗粒隆脊，内末角有1个强壮齿，外末角有3个齿；掌节背面有3个刺，有7条颗粒隆脊。游泳足长节的后缘有1个锐刺。

生态习性　营底栖生活，栖息于7～107 m的沙质泥、软泥、泥质沙及粗沙底质的浅海海底。

地理分布　中国东海、南海及台湾海域有分布。日本、澳大利亚、越南、印度尼西亚、菲律宾、马来群岛、新加坡、泰国、印度、马达加斯加等近海均有报道。

经济价值　可食用，有一定经济价值。

矛型梭子蟹

学　　名　*Portunus hastatoides* (Fabricius, 1798)

分类地位　软甲钢十足目梭子蟹科梭子蟹属

形态特征　头胸甲扁平，宽约4.8 cm，宽约为长的2.4倍；背面有很多短绒毛，有明显的隆起颗粒区；颗粒区中的颗粒光滑、钝圆；中胃区、后胃区、前鳃区各有1行颗粒脊。额分为4个齿。头胸甲前侧缘内凹为弧形，有9个齿；后侧缘有1个钝齿，后侧缘两端各有1个小刺。螯足长节粗壮，背面有鳞形颗粒，掌部较扁平，末端有1个小刺，背面及外侧面共有5条纵行颗粒脊。游泳足长节宽大于长，后末缘有细锯齿；指节末部有黑色斑。

生态习性　营底栖生活，栖息于水深7～100 m的细沙、泥沙、软泥或碎壳底质的海底。

地理分布　中国黄海南部、东海、南海有分布。广泛分布于印度–西太平洋，西至红海、马达加斯加及非洲东岸沿海，东至澳大利亚和夏威夷群岛附近海域，北至日本沿海均有报道。

经济价值　可食用，有一定经济价值。

远海梭子蟹

学　　名　*Portunus pelagicus* (Linnaeus, 1758)

别　　名　花蟹

分类地位　软甲纲十足目梭子蟹科梭子蟹属

形态特征　头胸甲宽约13 cm，背面长有许多较粗的颗粒（常有花白云纹）。中胃区有2条斜行的颗粒脊，后胃区有2条，前鳃区和心区各有1对，中鳃区1对不明显。额有4个尖齿。头胸甲前侧缘共有9个齿。螯足长节外缘末端有1个刺，前缘有3个刺；腕节内外角各有1个刺；掌节有7条纵向的隆脊，长有3个刺。雄性腹部呈三角形，第六腹节梯形。

生态习性　栖息于有大叶藻、泥或石块的潮间带，生活在潮下带沙、软泥底质的浅海和河口。

地理分布　分布于中国东海、南海及台湾海域。广泛分布于印度–西太平洋的热带和亚热带海区。

经济价值　经济价值较高。

> **小贴士**
>
> 　　远海梭子蟹的雌蟹和雄蟹体色通常会有差异，雄蟹背部的花白云纹更加明显，螯足内侧会呈现较为明显的蓝色。

远海梭子蟹（雌）

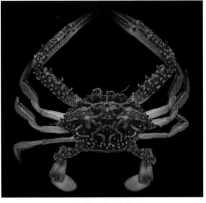

远海梭子蟹（雄）

红星梭子蟹

学　名 *Portunus sanguinolentus* (Herbst, 1783)

别　名 三点蟹、三眼蟹、梭子蟹、枪蟹、海虫、水蟹、门蟹、盖鱼、童蟹

分类地位 软甲纲十足目梭子蟹科梭子蟹属

形态特征 头胸甲梭状，宽明显大于长，宽约15 cm；头胸甲表面有数对隆脊，前部表面有颗粒，后部光滑。心区与鳃区有卵圆形红色或红黑色斑块。前额有4叶，侧齿较中间齿大。内眼窝齿大于额齿。头胸甲前侧缘有9个齿，第一齿长而尖锐，随后7个齿近似相等，第九齿最大，向两侧突出。第三颚足长节远外侧角不突出。雄性第一附肢细长，末端逐渐尖锐。腹部三角形。尾节末缘圆钝。

生态习性 常常栖息于10～30 m水深的泥沙底质海底。

地理分布 分布于中国东海、南海及台湾海域。日本、夏威夷群岛、菲律宾、印度、澳大利亚、新西兰等附近的印度–西太平洋也有分布。

经济价值 经济价值较高。

三疣梭子蟹

学　　名　*Portunus trituberculatus* (Miers, 1876)

别　　名　梭子蟹、枪蟹、海螃蟹、海蟹、门蟹、三点蟹、童蟹、飞蟹

分类地位　软甲纲十足目梭子蟹科梭子蟹属

形态特征　头胸甲梭子型，宽约15 cm，背面共有3个突起。额有2个刺，口前板向前突出成1个长刺。头胸甲前侧缘共有9个齿。螯足长节前缘有4个刺，后缘末端有1个刺；腕节内外缘末端各有1个刺；掌节背面有2条隆脊，其末端各有1个刺，外侧面有3条脊，最外脊基部长有1个刺。雄性腹部第六节长稍大于宽。

生态习性　常见于浅海，擅长游泳又可以掘沙。春季繁殖季节成群聚集于河口和浅海港湾产卵，冬季迁徙于较深的海区越冬。通常栖息于泥沙底质和碎壳底质海底。食性较广，喜食动物尸体，也取食鱼、虾、贝、藻。

地理分布　中国沿海均有分布。国外分布于日本、朝鲜半岛、越南沿海。

经济价值　是中国沿海产量最大的一种经济蟹类。有很高的经济价值。

皱褶大蟳蟹

学　　名　*Liocarcinus corrugatus* (Pennant, 1777)

分类地位　软甲纲十足目梭子蟹科大蟳蟹属

形态特征　头胸甲窄，宽约1 cm，表面隆起，长有许多横隆脊。额分3个齿，中央额齿比侧齿突出。头胸甲前侧缘分为5个齿。螯足粗壮，掌节外表面有3条隆脊，背面中部有1个长刺，指节长于掌节。第二步足长于螯足。

生态习性　栖息于水深30～120 m的软泥底质海底。

地理分布　分布于中国福建沿海。日本、澳大利亚、新西兰等沿海以及红海、地中海均有分布。

经济价值　经济价值不大。

锯缘青蟹

学　　名 *Scylla serrata* (Forskål, 1775)

分类地位 软甲纲十足目梭子蟹科青蟹属

形态特征 头胸甲呈青绿色，宽大于长，宽可达20 cm；背面光滑，有隆起，胃区及心区之间有明显的H形凹痕。额有4个三角形齿。头胸甲前侧缘有9个齿，第一齿三角形，大而突出，末齿尖锐突出。螯足光滑，长节前缘有3个齿，后缘有2个齿；游泳足掌节后缘光滑无齿。雄性第一附肢粗壮，末端逐渐尖锐。尾节末缘钝圆。

生态习性 一般生活于河口附近或近岸海域。

地理分布 分布于中国东海、南海及台湾海域。日本、夏威夷群岛、菲律宾、澳大利亚等附近的印度-西太平洋有分布。

经济价值 有很高的经济价值。

钝齿短桨蟹

    学　　名　*Thalamita crenata* Rüppell, 1830

    分类地位　软甲纲十足目梭子蟹科短桨蟹属

    形态特征　头胸甲宽大于长，雄性头胸甲宽约6.5 cm，雌性宽约6.8 cm，背面稍隆起且光滑。额分6叶。头胸甲前面侧齿的基部及隆脊的前部有绒毛，前侧缘有5个齿，第一齿最大，第五齿最小。第三颚足外肢纤细。螯足粗壮且不对称，长节前缘有3个大齿；步足光滑而粗壮；游泳足长节后缘近末缘有1个刺。雄性第一腹肢粗壮，末端稍微呈匙状；腹部塔形，第三至第五腹节愈合。尾节锐三角形。

    生态习性　常常栖息于珊瑚礁或低潮线附近的礁岩底质海域。

    地理分布　分布于中国东海、南海。日本、澳大利亚、马来西亚、新加坡、印度、马达加斯加等附近海域及波斯湾有分布。

    经济价值　有一定的经济价值。

双额短桨蟹

学　　名　*Thalamita sima* H. Milne Edwards, 1834

分类地位　软甲钢十足目梭子蟹科短桨蟹属

形态特征　体背面密覆绒毛，还有白色斑点。头胸甲长约1.9 cm，宽约为长的1.5倍；额区、侧胃区、中鳃区各有1对颗粒隆脊，中胃区及后胃区有1条颗粒隆线。额宽，分为2个浅叶，每叶前缘中部凹陷，侧缘向外侧倾斜。头胸甲前侧缘有5个齿，各齿表面均有颗粒。螯足肿胀，左、右螯不等大，表面有鳞状颗粒；长节的末端有3个粗壮刺；掌节背面有5个刺；指节粗壮，内缘有大小不等的粗壮齿。

生态习性　营底栖生活，栖息于低潮线下的岩石海岸或潮间带的泥滩。

地理分布　中国东海、南海及台湾海域有分布。日本、夏威夷群岛、新喀里多尼亚、澳大利亚、新西兰、泰国、新加坡、马来群岛、印度尼西亚、斯里兰卡、东非沿海和红海均有报道。

经济价值　经济价值不大。

双齿梯形蟹

学　名　*Trapezia bidentata* (Forskål, 1775)

分类地位　软甲纲十足目梯形蟹科梯形蟹属

形态特征　头胸甲宽稍微大于长，宽约7.4 mm，长约6.5 mm；近梯形，背部表面光滑。额突出，分成2叶，每叶内侧突出呈三角形齿，外侧有细锯齿；内眼窝角钝圆，外眼窝齿尖锐齿状。头胸甲前、后侧缘相交处有1个齿状突出。第三颚足长节远端侧角钝圆，稍突。左、右螯略不相等，长节前缘有5个齿；步足有长刚毛，指节爪状，有成列的刚毛。雄性第一腹肢细长，腹部第六节梯形。尾节半圆形。

生态习性　一般栖息于热带海洋的珊瑚礁枝丛间。

地理分布　在中国分布于南海。遍布印度–太平洋的热带海域。

经济价值　经济价值不大。

指梯形蟹

学　　名　*Trapezia digitalis* Latreille, 1828

分类地位　软甲纲十足目梯形蟹科梯形蟹属

形态特征　头胸甲宽稍微大于长，宽约0.8 cm；头胸甲为梯形，背部表面光滑，稍隆起，H形沟清晰。额稍突，中间有一V形缺刻，分成2叶，每叶有小的锯齿，侧缘中部有一缺刻。内眼窝角钝圆，外眼窝齿尖锐齿状。第三颚足长节远端侧角略突出。螯足粗壮，左右略不相等，长节前缘有5～6个齿。步足粗短，指节爪状，腹面有成列的刚毛。雄性第一腹肢粗短，腹部第六节梯形。尾节半圆形。

生态习性　一般栖息于热带海洋的珊瑚礁枝丛间。

地理分布　在中国南海有分布。遍布于印度-太平洋的热带海域。

经济价值　经济价值不大。

黑指绿蟹

学　　名　*Chlorodiella nigra* (Forskål, 1775)

分类地位　软甲纲十足目扇蟹科绿蟹属

形态特征　成体头胸甲和螯足背面呈深黑色。头胸甲呈横六角形，宽约1.2 cm，表面扁平光滑。额宽，中央缺刻明显，分为2叶。头胸甲前侧缘有4个齿，第一齿钝，后三齿尖锐。左、右螯足不对称且表面光滑，指节末端呈匙形。步足密生刚毛。

生态习性　常栖息于潮间带和潮下带的珊瑚礁和石缝中。

地理分布　分布于中国南海及台湾海域。印度、日本、夏威夷群岛、南太平洋各岛屿附近海域及红海也有分布。

经济价值　经济价值不大。

黑指波纹蟹

学　　名　*Cymo melamodactylus* Dana, 1853

分类地位　软甲纲十足目扇蟹科波纹蟹属

形态特征　头胸甲近圆形，宽约1.5 cm；表面不平，长有短绒毛，鳃区、侧胃区和心区长有成对的毛簇，毛簇下有颗粒团，肝区及其附近的一些颗粒呈红色。额宽，中央被V形缺刻分成2叶。头胸甲前侧缘分成不明显的4叶。左、右螯不对称，表面有浓密的绒毛及颗粒。步足粗壮，有绒毛和尖锐的颗粒。

生态习性　常栖息于潮间带和潮下带的珊瑚礁和石缝中。

地理分布　分布于中国南海。安达曼群岛、斯里兰卡、澳大利亚、印度尼西亚、日本、南太平洋各岛屿附近海域及红海均有分布。

经济价值　经济价值不大。

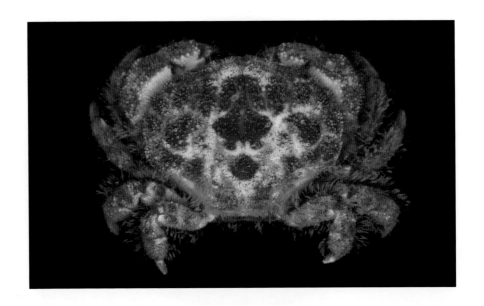

高睑盖氏蟹

学　　名　*Gaillardiellus superciliaris* (Odhner, 1925)

分类地位　软甲纲十足目扇蟹科盖氏蟹属

形态特征　头胸甲横卵圆形，宽大于长，宽约1.5 cm，前后和左右向均隆起，表面密布有颗粒和长短不等的刚毛。螯足和步足粗短，表面有颗粒和刚毛。左、右螯对称，腕节粗大，表面有不明显的隆块；掌节除内侧面末部光滑外，表面有刚毛和颗粒；指节粗壮，基半部表面有颗粒和刚毛，两指内缘有强大的齿，指端尖。步足宽扁，各节表面有颗粒和刚毛，腕节、前节有细浅的沟，末端刺状。

生态习性　常栖息于低潮线附近的礁石缝中。

地理分布　在中国南海有分布。夏威夷群岛、萨摩亚、吉伯尔特群岛、马绍尔群岛、菲律宾等附近海域都有分布。

经济价值　经济价值不大。

脉花瓣蟹

学　　名　*Liomera venosa* (H. Milne-Edwards, 1834)

分类地位　软甲纲十足目扇蟹科花瓣蟹属

形态特征　头胸甲横椭卵形，宽大于长，雄性宽约2.1 cm，雌性宽约2.5 cm，表面光滑。第二触角鞭位于眼窝缝中。左、右螯短小、对称，表面有细小的颗粒；腕节的表面及掌节背面有不十分突出的隆块；可动指稍长于掌节的背缘，两指内缘有大小不等的齿，指端稍凹。步足较长，长节前缘有隆脊，腕节及前节呈瘤结状；指节末部前、后缘有刚毛，指端角质。腹部长条形，第六节矩形，宽略大于长。

生态习性　常生活于浅海岩石或珊瑚礁缝中。

地理分布　在中国南海有分布。日本、塔希提岛、澳大利亚、新加坡等附近海域及苏禄海都有分布。

经济价值　经济价值不大。

正直爱洁蟹

学　　名　*Atergatis integerrimus* (Lamarck, 1861)

分类地位　软甲纲十足目扇蟹科爱洁蟹属

形态特征　头胸甲呈横卵圆形，宽大于长，宽约10 cm。左、右螯对称，长节背缘及内腹缘呈隆脊形；腕节内缘有3簇刚毛，内末缘有1个钝齿和1个钝叶；掌节背缘呈隆脊形，外侧面有网形的皱纹；可动指基部有短毛，不动指内侧中部有1束短毛，两指内缘各有4个大的钝齿。步足扁平，各节背缘、腹缘锐利，前节后缘的末端各有1束短刚毛，指节也有短毛。

生态习性　常生活在水深10 ~ 30 m有岩石的海底。

地理分布　在中国南海有分布。日本、菲律宾、新加坡、印度、斯里兰卡、毛里求斯、东非附近海域均有分布。

经济价值　有毒，不可食用。

花纹爱洁蟹

学　名　*Atergatis floridus* (Linnaeus, 1767)

分类地位　软甲纲十足目扇蟹科爱洁蟹属

形态特征　体呈茶褐色至紫色带绿色，头胸甲背面有淡褐色或黄铜色云彩斑纹。头胸甲呈横卵圆形，宽大于长，宽约5 cm；表面平滑，有细微的凹点。左、右螯对称，长节短而呈三棱形，前缘有短毛，腕节背缘圆钝，背外侧面隆起，内末角有1个钝齿，掌节较扁平，背缘呈锐利的隆脊形。步足扁平，表面有凹点，各节边缘锐利，前节的前缘末端及后缘均有短毛，指节密布短毛及长刚毛。

生态习性　常生活在低潮线的岩石岸边和珊瑚礁浅海中。

地理分布　在中国南海及台湾海域有分布。日本、夏威夷群岛、澳大利亚、马来西亚、印度、斯里兰卡、毛里求斯、非洲东岸和南岸海域及红海也有分布。

经济价值　有毒，不可食用。

华美拟扇蟹

学　　名　*Paraxanthias elegans* (Stimpson, 1858)

分类地位　软甲纲十足目扇蟹科拟扇蟹属

形态特征　头胸甲近似卵圆形，宽小于1 cm，表面光滑。左、右螯粗壮且不对称；长节后侧面光滑隆起，内侧面内凹，前缘有细小的颗粒；腕节外侧面呈雕刻状，隆起的末端呈齿形，内侧缘有2个齿；掌节内侧面、腹面以及外侧面的下半部光滑，外侧面上半部约有3纵列齿突，背面与外侧面之间有1条纵沟，沟缘背面一侧也有1纵列齿突；指节内缘有齿，小螯不动指外侧面中部有1条明显的纵沟。

生态习性　生活在低潮线的岩石岸边及珊瑚礁浅海中。

地理分布　在中国南海及台湾海域有分布。日本、澳大利亚等附近海域也有分布。

经济价值　经济价值不大。

火红皱蟹

学　　名　*Leptodius exaratus* (H. Milne Edwards, 1834)

分类地位　软甲纲十足目扇蟹科皱蟹属

形态特征　头胸甲宽大于长，宽约3.2 cm；表面有褶皱，背面略微隆起，分区明显，各区均被细沟隔开。额区较宽，略微呈两叶状。头胸甲前侧缘分为4叶。左、右螯不对称，长节背缘及前腹缘有长绒毛。步足平滑，长节有绒毛。雄性第一腹肢细长，末端匙形；腹部窄而长，第三至第五节略微愈合；尾节末缘钝角状。

生态习性　一般栖息于热带珊瑚礁浅海或在潮下带的石头缝隙中隐藏。

地理分布　分布于中国东海、南海及台湾海域。日本、夏威夷群岛、泰国、红海、非洲东海岸附近海域和印度洋也有分布。

经济价值　经济价值不大。

袋腹珊隐蟹

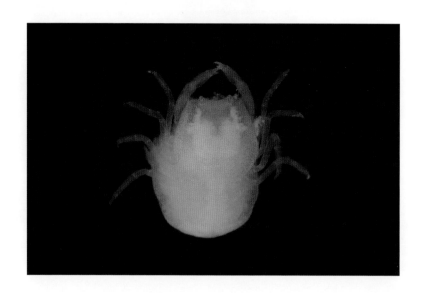

学　　名　*Hapalocarcinus marsupialis* Stimpson, 1858

分类地位　软甲纲十足目隐螯蟹科珊隐蟹属

形态特征　体柔软，呈黄褐色或淡黄色。头胸甲长宽相近，宽约0.6 cm；表面光滑，向两侧隆起，前部较平，后部较隆。额向前突出，稍弯向下方，分成不明显的3个齿。头胸甲侧缘完整，前半部较直并向前稍靠拢，后半部甚拱曲而呈弧形，后缘中部稍凹。螯足纤细，稍大于步足；长节呈圆柱状；掌节长，背腹缘较锐利；指节短于掌节，两指内缘无齿。步足细长，指节爪状，密覆短刚毛。

生态习性　雌蟹苗附着在珊瑚上后就不再移动，随后生长的珊瑚将其全部包围在珊瑚骨骼体内，只留下水流进出的孔隙，蟹即从水流中滤食浮游生物。雄蟹个体十分小，可从孔隙中自由出入，雌蟹由于不用外出觅食，壳柔软呈半透明状，腹部十分膨大。

地理分布　在中国西沙群岛附近海域有分布。夏威夷群岛、菲律宾、越南、密克罗尼西亚、马尔代夫附近海域及托雷斯海峡也有分布。

经济价值　经济价值不大。

圆球股窗蟹

学　　名　*Scopimera globosa* De Haan, 1835

别　　名　喷沙蟹、捣米蟹

分类地位　软甲纲十足目毛带蟹科股窗蟹属

形态特征　头胸甲甚突，近圆形，宽大于长，宽约1.1 cm，背面有浅沟和分散的细颗粒。额窄长，向下弯曲，眼柄很长，外眼窝齿三角形。第三颚足宽且大，中部隆起，表面有细颗粒。左、右螯对称，长节内侧面凹陷，外侧面隆起，两者各有一长卵圆形的鼓膜，外侧的鼓膜小。步足长节的内、外侧面均有一卵圆形的鼓膜。

生态习性　多穴居在平静的海湾潮间带，洞口外常有许多粒状沙球。

地理分布　在中国黄海、东海、南海及台湾海域有分布。朝鲜西岸、日本、斯里兰卡附近海域有分布。

经济价值　经济价值不大。

长趾股窗蟹

学　　名　*Scopimera longidactyla* Shen, 1932

分类地位　软甲纲十足目毛带蟹科股窗蟹属

形态特征　头胸甲宽大于长，宽约1.2 cm；背面隆起，密有颗粒，鳃区有鳞状突起。外眼窝三角形。第三颚足长节及座节表面有颗粒状突起。雄性螯足腕节等长于长节，可动指内缘有不明显钝齿，不动指内缘有细齿。第二步足最长。雄性第一腹肢向背部弯曲，末端趋尖。

生态习性　常穴居于潮间带的泥沙滩上。

地理分布　分布于中国渤海、黄海及台湾等附近海域。国外分布于朝鲜西海岸等海域。

经济价值　经济价值不大。

短身大眼蟹

学　　名　*Macrophthalmus (Macrophthalmus) abbreviatus* Manning & Holthuis, 1981

分类地位　软甲纲十足目大眼蟹科大眼蟹科

形态特征　体黄绿色。头胸甲宽，宽约2.5 cm；背面有颗粒，分区明显，各区之间有浅沟隔开，胃区近方形，心区矩形。额窄且突出，背面有倒Y形沟。眼窝腹缘突出，有锯齿，背缘有颗粒。眼柄细长，侧缘有很多软毛。雌性螯足很小，雄性螯足大且长。雄性腹部钝三角形；雌性腹部为扁圆形，表面光滑。

生态习性　栖息于潮间带低潮线泥滩上。

地理分布　在中国海区均有分布。朝鲜、日本附近海域有分布。

经济价值　经济价值不大。

日本大眼蟹

学　　名　*Macrophthalmus (Mareotis) japonicus* (De Haan, 1835)

分类地位　软甲纲十足目大眼蟹科大眼蟹属

形态特征　头胸甲宽大于长，宽3.5 cm左右，表面长有颗粒和软毛。额很窄，稍向下弯曲，表面中部有1条纵痕。头胸甲前侧缘第一齿三角形，与第二齿之间有较深的缺刻。雄性螯足粗壮，掌节光滑，指节向下弯曲，两指间无空隙。步足边缘有颗粒和短毛。

生态习性　在近海潮间带或河口处的泥沙滩上掘洞生活。

地理分布　分布于中国沿海。日本、朝鲜半岛西岸、新加坡、澳大利亚附近海域均有分布。

经济价值　经济价值不大。

拉氏原大眼蟹

学　　名　*Venitus latreillei* (Desmarest, 1822)

分类地位　软甲纲十足目大眼蟹科大眼蟹属

形态特征　头胸甲近长方形，宽约3.5 cm；表面有密集的粗糙颗粒，心区、胃区两侧的沟较深。额窄，表面有颗粒，中部为纵沟。眼柄细长，眼背缘有细颗粒，眼腹缘锯齿状。头胸甲前侧缘有4个齿，第一齿三角形且宽大，末齿很小。雄性螯足粗壮，掌节外侧面光滑，可动指内侧面有密集绒毛，近基部有一个方形齿。步足粗壮，除指节外，覆盖绒毛。雄性第一腹肢末端有角状突起。腹部窄长，尾节末缘半圆形。

生态习性　常常栖息于热带、亚热带的近海。

地理分布　分布于中国广东等沿海。日本、澳大利亚、新喀里多尼亚、菲律宾、马来西亚、印度、马达加斯加、南非等附近海域及泰国湾也有分布。

经济价值　经济价值不大。

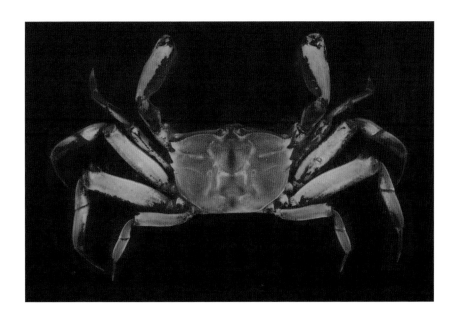

短指和尚蟹

学　　名　*Mictyris brevidactylus* Stimpson, 1858

别　　名　兵蟹、海和尚、海珍珠、珍珠蟹、捣米蟹、海蜘蛛、蓝天使

分类地位　软甲纲十足目和尚蟹科和尚蟹属

形态特征　头胸甲呈圆球形，宽稍微短于长，宽2.5 cm左右；背面隆起，表面光滑；心区、胃区两边的纵沟明显，鳃区膨大。额很窄，向下弯曲。无眼窝，眼柄短。头胸甲前缘侧角刺状突起。第三颚足叶片状，外肢细长。螯足对称，长节下缘有3～4个刺，腕节较长。步足瘦长。雄性第一腹肢细小。尾节短，半圆形。

生态习性　一般栖息于沿岸带的泥沙滩上，穴居生活。

地理分布　分布于中国东海、南海及台湾海域。日本、新喀里多尼亚、塔斯马尼亚、澳大利亚、菲律宾、马来西亚、新加坡、安达曼等海域也有分布。

经济价值　有一定的经济价值，在广西等地将其做成沙蟹汁，用来当调料。

弧边管招潮蟹

学　　名　*Tubuca arcuata* (De Haan, 1835)

分类地位　软甲纲十足目沙蟹科管招潮属

形态特征　头胸甲前宽后窄，雄性宽3~3.4 cm，雌性宽2.5 cm，表面光滑。额中部有一个细缝。眼窝宽而深，眼柄细长，外眼窝角呈三角形。头胸甲前侧缘向背后方引入1条斜行隆线，形成凹陷的头胸甲后侧面。雄性左、右螯非常不对称，大螯掌节外侧面有粗糙颗粒；两指扁平，长度大于掌节，指间空隙很大。步足长节粗壮，前缘有细锯齿。

生态习性　穴居于沿海或河口的泥滩上。

地理分布　分布于中国黄海、东海、南海及台湾海域。日本、朝鲜半岛西岸、澳大利亚、新加坡、新喀里多尼亚、印度尼西亚、菲律宾附近海域均有分布。

经济价值　经济价值不大。

弧边管招潮蟹（雌）

弧边管招潮蟹（雄）

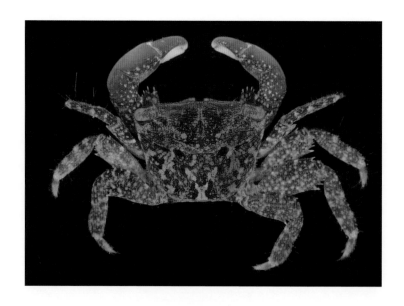

宽额大额蟹

学　名　*Metopograpsus frontalis* Miers, 1880

分类地位　软甲纲十足目方蟹科大额蟹属

形态特征　头胸甲宽大于长，雄性宽2～2.6 cm，雌性宽1.8 cm；背面有斜行隆脊，分区清晰，各区之间有细沟隔开。额区很宽，分成4叶。头胸甲侧缘斜向后靠，无齿。左、右螯稍不对称，长节内腹缘末端呈叶状突起，有4个锐齿。步足扁平，长节宽，后缘末端突出呈叶状。雄性第一腹肢粗壮，末半部膨胀，末端呈匙形。腹部三角形。

生态习性　一般栖息于沿岸潮间带的岩石缝隙或碎石间隙。

地理分布　分布于中国海南岛附近海域。国外分布于澳大利亚、印度尼西亚、新加坡、马来西亚、斯里兰卡附近海域。

经济价值　经济价值不大。

鳞突斜纹蟹

学　　名　*Plagusia squamosa* (Herbst, 1790)

分类地位　软甲纲十足目斜纹蟹科斜纹蟹属

形态特征　头胸甲近似圆形，宽稍大于长，雄性宽2.6 cm，雌性宽3.4 cm；分区明显，背面有鳞片状及圆形颗粒状的突起。额宽，中央被1条纵沟分成2叶。螯足掌节光滑，指节末端呈匙状。步足长节背缘近末端有1个锐齿，指节后缘有2列小刺。

生态习性　生活于潮间带的岩石间及珊瑚礁海域。

地理分布　分布于中国南海及台湾海域。日本、夏威夷群岛附近海域均有分布。

经济价值　经济价值不大。

平背蜞

学　　名　*Gaetice depressus* (de Haan, 1833)

分类地位　软甲纲十足目弓蟹科蜞属

形态特征　头胸甲扁平且近方形，但前半部显著较后半部宽，雄性头胸甲宽2.5～
2.7 cm，雌性宽1.1～2.3 cm，表面光滑。额缘中部有较宽的凹陷，头胸甲前侧缘包括外眼
窝齿在内共分3个齿。左、右螯约等大，雄性大于雌性；长节短，近内腹缘的末部有1个发
音隆脊；掌节光滑，外侧面下半部有1条光滑隆线。雄性腹部呈窄的三角形。

生态习性　小型蟹类，栖息于潮间带岩石下，或礁石缝隙中。

地理分布　分布于中国沿海。国外见于朝鲜半岛和日本附近海域。

经济价值　经济价值不大。

天津厚蟹

学　　名　*Helice tientsinensis* Rathbun, 1931

别　　名　烧夹子

分类地位　软甲纲十足目弓蟹科厚蟹属

形态特征　头胸甲近四方形，雄性头胸甲宽约3.2 cm，雌性宽约2.7，表面隆起且长有短刚毛。额部稍向下弯曲，中部向内凹；头胸甲前侧缘共4个齿，第一齿锐三角形，末齿仅为齿痕。螯足雄性大于雌性，掌节光滑，其背缘的隆脊锋利。第一步足前节前缘生有少量绒毛。

生态习性　穴居于河口的泥滩或河流的泥底质岸边。

地理分布　分布于中国沿海。国外分布于日本、朝鲜半岛附近海域。

经济价值　有一定的经济价值。

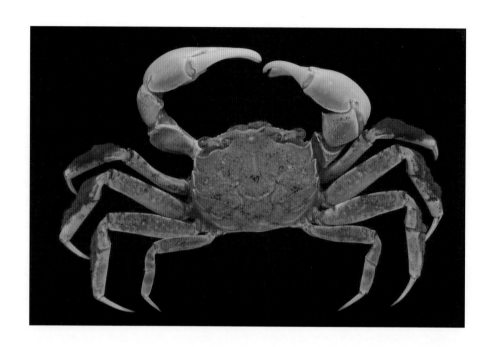

伍氏拟厚蟹

学　　名　*Helicana wuana* (Rathbun, 1931)

分类地位　软甲纲十足目弓蟹科拟厚蟹属

形态特征　头胸甲近方形，宽约3.3 cm，表面有细凹点和短刚毛。额稍弯向下方，中部向内凹。头胸甲侧缘向后略显分离，有3个齿。螯足掌节光滑，背缘隆脊锋利。步足腕节、前节前缘通常长有浓密的绒毛。

生态习性　穴居于泥滩或泥岸上。

地理分布　分布于中国黄海、东海及台湾海域。国外分布于日本、朝鲜半岛附近海域。

经济价值　经济价值不大。

绒螯近方蟹

学　　名　*Hemigrapsus penicillatus* (De Haan, 1835)

分类地位　软甲纲十足目弓蟹科近方蟹属

形态特征　头胸甲略呈方形，雄性头胸甲宽2.1～3.5 cm，雌性宽2.0～3.4；表面多有细凹点，前半部有颗粒。额前缘中部凹；下眼窝隆脊内侧有6～7个颗粒，外侧有3个钝齿状突起；头胸甲前侧缘包括外眼窝角在内共分3个齿。螯足雄性大于雌性，长节腹缘近末端有1条发音隆脊；雄性掌节两指基部有绒毛，而雌性和幼体均无。雄性腹部呈窄长的三角形。

生态习性　小型蟹类，栖息于潮间带岩石下或礁石缝隙中，有时出现在河口泥滩上。

地理分布　分布于中国沿海。国外见于朝鲜半岛和日本附近海域。

经济价值　经济价值不大。

肉球近方蟹

学　　名 *Hemigrapsus sanguineus* (De Haan, 1835)

分类地位 软甲纲十足目弓蟹科近方蟹属

形态特征 头胸甲近方形，宽稍大于长，雄性头胸甲宽3.3~3.7 cm，雌性宽约2.9 cm；前半部稍隆起，表面有颗粒及血红色的斑点，后半部较平坦。额宽约为头胸甲宽的一半，前缘平直。螯足雄性大于雌性，雄性成体两指之间有球形泡状结构，雌性或幼小个体无此结构。

生态习性 栖息于低潮线岩石下或礁石缝中。

地理分布 分布于中国沿海各地。国外见于日本、朝鲜半岛和俄罗斯远东附近海域。

经济价值 经济价值不大。

> **小贴士**
>
> 　　肉球近方蟹和绒螯近方蟹都是中国潮间带石块缝隙中常见的小型螃蟹。两种之间的最主要区别在于雄性螯足指节之间的结构特征。

中华盾牌蟹

学　　名　*Percnon sinense* Chen, 1977

分类地位　软甲纲十足目盾牌蟹科盾牌蟹属

形态特征　头胸甲扁平，宽稍小于长，宽3 cm左右。背面有一些成对的隆脊。额窄，有4个锐齿；内眼窝角有3个锐齿，背眼窝缘有小刺。螯足长节背缘有4~5个短刺。第二、第三步足长于第一、第四步足，第四步足底节背面有3个小刺。

生态习性　栖息于潮间带的珊瑚礁海域。

地理分布　分布于中国海南岛附近海域。

经济价值　经济价值不大。

其他甲壳动物

无柄蔓足类

有柄蔓足类

其他节肢动物中介绍了藤壶、茗荷、虾蛄、钩虾、团水虱、海蟑螂。

藤壶、茗荷属于围胸类。围胸类动物在中国分布有21科190余种，因体形不同分为有柄和无柄类，全部为海生。大多雌雄同体，少数雌雄异体。绝大多数是滤食性的，少数茗荷生物有肉食性的特点，可捕食其他较大型的动物。暖水性的种一年繁殖多次。多为群栖性动物。

抱卵的虾蛄

虾蛄为口足类动物，俗称皮皮虾、琵琶虾、虾爬子、虾虎等，全部为海生。虾蛄长着一对强大的捕肢，在发动攻击时相当有力，甚至可击碎玻璃。口足类动物在中国分布有12科100余种。虾蛄多栖息于泥沙质海底，穴居生活，少数生活于砾石间。游泳能力强，常在晚上出洞活动与觅食，捕捉小鱼、小虾、蟹子等作为食物。

钩虾属于端足类动物，体多侧扁，是体形较小的甲壳动物。全世界已知端足类动物

9 000多种，在中国分布有55科大约520种。主要为海生，淡水中有少数种。有浮游生活和底栖生活种类，分布广泛，从潮间带到深海均可看到它们的身影。

团水虱、海蟑螂为等足类。多数等足类的体长为5～15 mm，体色通常呈浅褐色、肉色、灰色和黑色。身体背腹扁平，分为头、胸、腹三部分。体节板片状，无头胸甲。全世界已知等足类10 000余种，其中4 500多种分布在海洋，中国分布有12科170余种。雌雄异体，雌雄体形差异大，有些种类有性转换现象。生活方式有自由生活和寄生生活两大类型。

钩虾

等足类

斧板茗荷

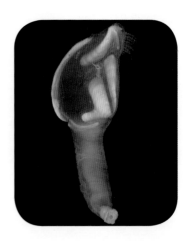

学　　名　*Octolasmis warwicki* Gray, 1825

别　　名　海佛手

分类地位　鞘甲纲铠茗荷目茗荷科板茗荷属

形态特征　柄部柔软且较长。头部被透明有小颗粒的薄膜包裹，有5片间隔较远的壳板。其中楯板分裂成两叶，靠近开闭缘的一叶为狭长三角形，靠近内侧的一叶为翻转的L形；背板为斧形或马头颈形；峰板弯曲成弓形，上缘伸至约背板中部，下缘为四边微微凸起的铲形，峰板壳顶稍微突出。

生态习性　栖息于热带和亚热带浅海，常常附着于蟹类的头胸甲、附肢及口部。

地理分布　分布于印度–西太平洋热带、亚热带海域及部分温带海域，如中国的东海、南海以及日本、菲律宾、印度尼西亚、斯里兰卡、南非等附近海域。

经济价值　经济价值不大。

斧板茗荷生态图

茗荷

学　　名　*Lepas* (*Anatifa*) *anatifera* Linnaeus, 1758

别　　名　海佛手

分类地位　鞘甲纲铠茗荷目茗荷科茗荷属

形态特征　柄部为柱状，短于头部，紫褐色。头部侧扁，近宽阔三角形；有5片完全钙化的头板，均呈白色且坚厚，紧密相连。其中背板近四边形；楯板为不规则的四边形，表面有时有微弱的放射条纹，中间稍凸起，开闭缘拱圆形，仅右侧的楯板有壳顶齿；峰板弓形弯曲，上缘末端尖锐，下缘基部有分叉。

生态习性　栖息于热带及温带的浅海，常常附着于船板、浮标等漂浮物体的表面。

地理分布　分布极广。在中国分布于黄海、东海、南海。太平洋、印度洋、大西洋的热带和温带浅海均有分布。

经济价值　经济价值不大。

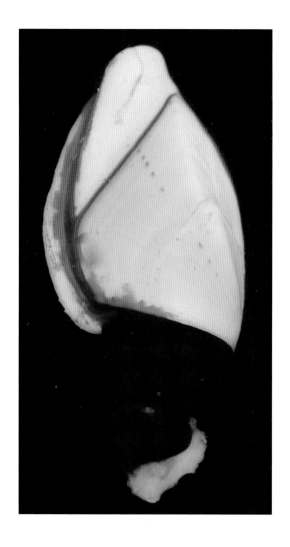

网纹纹藤壶

学　　名　*Amphibalanus reticulatus* (Utinomi, 1967)

别　　名　马牙子

分类地位　鞘甲纲藤壶目藤壶科纹藤壶属

形态特征　外形呈矮锥形，表面光滑，有光泽；一般为白色或淡粉色，并有紫色、淡红色或红褐色的放射纵条纹，与白色横条纹交错而呈现斑状。壳口较大，为菱形或五角形，壳顶为齿状。楯板窄，沿生长脊有一排短毛；背板峰缘稍突起，峰板和峰侧板顶缘常向外弯；壁板鞘部较短，无泡状结构，基部管道的外壁有低纵肋。

生态习性　栖息于热带及温带浅海，常常附着于船板、浮标、养殖筏、木头等物体上，也可附着于贝壳上。

地理分布　分布广。中国东海、南海，日本、菲律宾、泰国、印度尼西亚、马来西亚、澳大利亚、夏威夷群岛、印度、非洲西部、美国南部到西印度群岛等附近海域及波斯湾、地中海均有分布。

经济价值　经济价值不大。

鳞笠藤壶

学　　名　*Tetraclita squamosa squamosa* (Bruguière, 1789)

别　　名　马牙子

分类地位　鞘甲纲藤壶目笠藤壶科笠藤壶属

形态特征　外形陡圆锥形，表面灰褐色或灰黑色，有细小纵肋。壳口较小。壁板很厚，结合非常牢固，板内有小而多的纵管，板外壁内面有网状低肋；楯板窄，生长脊细小而密集，开闭缘有一排小齿；背板窄，顶缘尖且弯曲，喙状，中央沟和关节沟均较浅，压肌脊5～8条。

生态习性　栖息于热带及温带海域的潮间带和潮下带，常常附着于岸基岩石、礁石及码头墙壁等物体表面。

地理分布　分布较广。中国东海、南海，日本、菲律宾、印度尼西亚、马来西亚、澳大利亚、西非、巴西等附近海域以及印度洋均有分布。

经济价值　经济价值不大。

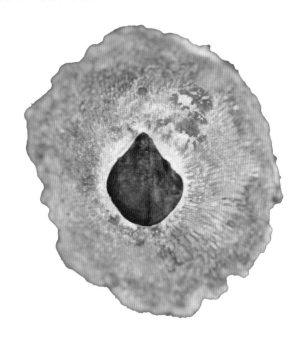

纹藤壶

学　　名　*Amphibalanus amphitrite amphitrite* (Darwin, 1854)

别　　名　马牙子

分类地位　鞘甲纲藤壶目藤壶科纹藤壶属

形态特征　壳一般白色或奶白色，有成束纵向紫色或灰褐色相间的放射条纹。整体圆锥形，表面光滑；壳口大，呈不规则菱形。壁板内面有纵管，管内一般没有横隔片。盖板有3对对称的黑紫色斑，其前端和后端各有1个大斑。楯板平坦，生长脊粗糙；关节脊突出，长约为背缘长的一半。背板宽阔，生长脊清晰；中央沟宽阔开放，伸至矩末；关节脊突出。基底有放射管，管内没有横隔片。

生态习性　一般附着于船底、浮标、码头、木桩、养殖架、岩石及贝壳上，常成群聚集，拥挤时壳形多是筒状，壳口大而呈方形，紫色条纹鲜艳。

地理分布　全球广布种，中国从渤海至南海北部沿岸均有分布。

经济价值　经济价值不大。

白脊管藤壶

学　　名　*Fistulobalanus albicostatus* (Pilsbry, 1916)

别　　名　马牙子

分类地位　蛸甲纲藤壶目藤壶科管藤壶属

形态特征　纵肋间常呈灰白色。整体圆锥形，壳口略呈五边形。壁板内部有纵隔，上部有横隔片。基底平坦有放射管，管内有横隔片。楯板宽阔，表面有显著的生长线；内面有放射状断断续续的脊突；关节脊长而宽，末端平截；闭壳肌脊短而突出；闭壳肌窝深，侧压肌窝小。背板三角形，外面生长线明显，中央沟浅而开放；内面有放射状断断续续的脊突；关节脊突出，关节沟深而宽；矩粗短，峰侧底缘凹凸不平。

生态习性　栖居于潮间带中潮区上部，附着于码头、岩石、木桩、贝壳、船底和红树上，常形成白色的"藤壶带"。

地理分布　中国沿海有分布。日本、朝鲜沿海有分布。

经济价值　经济价值不大。

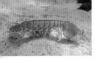

日本齿指虾蛄

学　　名	*Odontodactylus japonicus* (de Haan, 1844)
别　　名	螳螂虾、彩虹虾蛄
分类地位	软甲钢口足目齿指虾蛄科齿指虾蛄属

形态特征　体粉橙色，头胸甲的前部有褐色斑块。第二触角鳞片的末端紫色，尾肢橙黄色，第一节外侧的活动刺橙黄色，第二节的末端紫色且带蓝色斑块。体长可达17 cm。额为三角形，背面呈梯形。第二触角鳞片光滑，成体没有刚毛。捕肢（琼肢）的指节有5个齿或更多小齿。第一至第五腹节后面的侧角圆弧形。尾节的背面有中央脊和纵行的脊起。尾肢外肢的第一节长于第二节，第一节外侧的活动刺扁平。

生态习性　暖水种，营底栖生活，多分布于泥沙、砂和贝壳底质中，肉食性，可捕食小型贝类等，主要在水深30～200 m的海域活动。

地理分布　在中国的台湾海域和南海有分布。遍布印度–西太平洋。

经济价值　有一定的经济价值。

多脊虾蛄

学　　名　*Carinosquilla multicarinata* (White, 1849)

分类地位　软甲纲口足目虾蛄科脊虾蛄属

形态特征　体浅灰棕色。第二和第五腹节的背面各有一黑色斑。尾肢的内肢浅蓝色，末端黑色。尾肢的外肢第一节末端有1列粉色刺。捕肢白色，长节的末端以及掌节与指节的连接处黄色。体长约9 cm。头胸甲有中央脊和多列纵向的脊起，前侧角成锐刺。额角近梯形，末端平直。眼柄没有脊起。捕肢指节有5个齿。尾节有中央脊和多列纵脊。

生态习性　营底栖生活，常栖息于软泥、珊瑚砂和有孔虫砂底质的海底，水深不超过64 m。

地理分布　中国东海、南海有分布。印度南部、印度尼西亚、越南、菲律宾、日本沿海均有报道。

经济价值　可食用，有一定经济价值。

窝纹虾蛄

学　　名　*Dictyosquilla foveolata* (Wood-Mason, 1895)

分类地位　软甲钢口足目虾蛄科纹虾蛄属

形态特征　体灰紫色。头胸甲、腹部的背面有粗糙的网状纹，这些网状纹是由很多小的凹陷形成的。体长约10 cm。第五胸节的双侧突小，末端略尖；第六胸节的侧突末端圆，前、后瓣粗大；第七胸节的侧突前瓣短尖，后瓣粗钝；第八胸节的侧突是一短的尖齿。捕肢指节有6个齿。尾肢的内叉外缘有一凹陷，内缘前部有微小的齿。肛门后有一纵脊。

生态习性　营底栖生活，常栖息于水深10～20 m的近岸软泥中。

地理分布　中国东海、南海近海有分布。缅甸、越南近海均有报道。

经济价值　可食用，有一定经济价值。

伍氏平虾蛄

学　　名　*Erugosquilla woodmasoni* (Kemp, 1911)

别　　名　濑尿虾、皮皮虾等

分类地位　软甲钢口足目虾蛄科平虾蛄属

形态特征　体半圆筒状，上下扁平，浅灰绿色，有的个体背部略带斑点；尾节背面的中央脊两侧栗色；尾肢的外肢蓝色，背面中部略黑或浅蓝色。体长可达15.5 cm。眼大，有双角膜。额短、梯形，侧缘直。捕肢的指节有6个齿，长节有尖锐的长刺。第六及第七胸节有向外伸展的双侧突，第八胸节只有单侧突。尾节的中央脊两侧没有结节列。步足比较纤细。尾肢外肢的侧缘有7~10个可动刺。

生态习性　营底栖生活，穴居于海底泥或泥沙中，游泳能力强，肉食性，可捕食小型虾类等。主要在水深5~50 m的水域活动，栖息深度及对温度、盐度的适应范围较广。

地理分布　在中国的东海和南海有分布。广泛分布于印度-西太平洋，如印度尼西亚、越南、菲律宾、澳大利亚、日本附近海域。

经济价值　经济价值较高。在南方市场上常见。

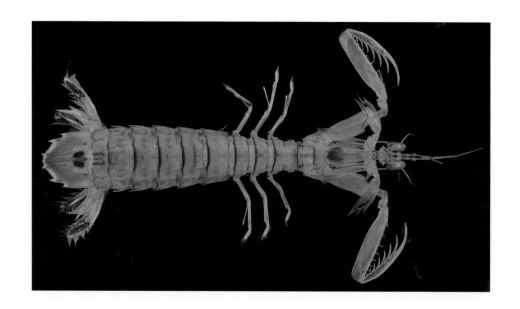

黑尾猛虾蛄

学　　名　*Harpiosquilla melanoura* Manning, 1968

别　　名　濑尿虾、皮皮虾等

分类地位　软甲钢口足目虾蛄科猛虾蛄属

形态特征　体暗棕褐色，头胸甲没有中央脊，背面的沟和脊黑色，中央有黑色斑块；胸节和腹节的后缘黑褐色。尾节末缘的齿为黄色，中央脊的两侧有一对红褐色的斑点。尾肢原肢的端刺为黄色；外肢第一节的外缘黄色，末节的末端黑色；内肢的内侧黑色。记录最大体长16.8 cm。胸节和第一至第五腹节没有亚中央脊，第二腹节有狭窄的黑色横条。捕肢的指节有8个齿。

生态习性　营底栖生活，多分布于泥沙底质中。11月至次年3月是繁殖高峰期。主要在水深10～80 m的海域活动。

地理分布　在中国台湾海域及南海有分布。从印度–西太平洋到安达曼海均有分布，如泰国、越南、菲律宾、日本、澳大利亚附近海域。

经济价值　经济价值较高。在南方市场上可见。

脊条褶虾蛄

学　　名　*Lophosquilla costata* (de Haan, 1844)

别　　名　濑尿虾、撒尿虾、螳螂虾、皮皮虾等

分类地位　软甲钢口足目虾蛄科褶虾蛄属

形态特征　体浅灰褐色；尾节的中部有黑色斑块，侧缘有外叶。体长多不超过10 cm。额顶圆，长大于宽，侧缘隆起。头胸甲的后部有很多颗粒隆起，中央脊连续。第五至第八胸节和各腹节及尾节都有很多纵行的脊起及长短不等的颗粒状突起。捕肢的指节有6～7个齿。

生态习性　营底栖生活，主要在近岸至水深30 m的泥底质海域活动。

地理分布　在中国的台湾海域和南海有分布。国外分布于越南、菲律宾、日本、澳大利亚附近海域。

经济价值　有一定的经济价值。

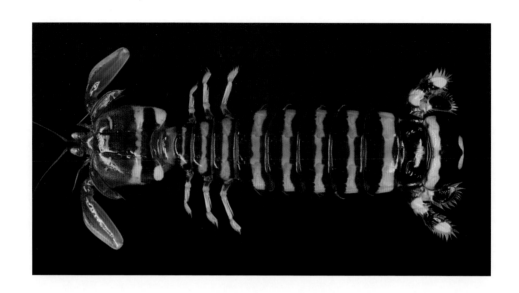

十三齿琴虾蛄

学　名　*Lysiosquilla tredecimdentata* Holthuis, 1941

分类地位　软甲钢口足目琴虾蛄科琴虾蛄属

形态特征　头胸甲和体背面有黄色和黑色交替的横带。第二触角鳞片的外缘黑棕色。
尾肢的外肢第一节的末端1/2处和最后一节的前端2/3处为黑色。体长可达27 cm。额角心
形，基部宽，前端有中央脊，没有沟。眼鳞三角形。捕肢的指节有9～13齿。第八胸节的
腹板有一向后方延伸的尖刺。尾肢的原肢和内肢连接处的前端有小刺。

生态习性　营底栖生活，常栖息于潮间带的沙底质和浅海潮下带的泥底质海底，水深
不超过30 m。

地理分布　在中国南海、台湾海域有分布。泰国、越南、澳大利亚附近海域和太平洋
中部均有报道。

经济价值　可食用，有一定经济价值。

口虾蛄

学　　名　*Oratosquilla oratoria* (de Haan, 1844)

别　　名　虾蛄、虾虎、爬虾、濑尿虾、琵琶虾、虾爬子、皮皮虾等

分类地位　软甲钢口足目虾蛄科口虾蛄属

形态特征　体扁平，浅灰色或浅褐色；尾肢原肢的端刺红色，外肢的第一节末端深蓝色，末节黄色且内缘黑色。体长13 cm左右。有复眼1对，触角两对。头胸甲的前侧角形成锐刺，中央脊的近前端Y叉状。头胸部短、狭。第五胸节的前部侧突长而尖锐且曲向前侧方，后部的短小而直向侧方。胸肢有5对，末端脱钩状。捕肢的指节有6个齿，掌节的基部有3个可动齿。腹部7节。

生态习性　营底栖生活，穴居于海底泥沙砾的洞中，以广泛的水接触而营呼吸活动，游泳能力强，肉食性，多捕食小型无脊椎动物，如贝类、螃蟹、海胆。5～7月是产卵高峰期，一般栖息于水深5～60 m处。

地理分布　在中国各沿海广泛分布。从俄罗斯沿岸海域到夏威夷群岛沿岸海域均有分布。

经济价值　经济价值较高。

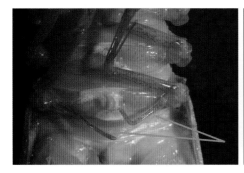 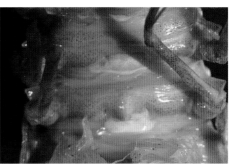

雄虾蛄腹面（箭头所指即为交接器）　　　　　雌虾蛄腹面

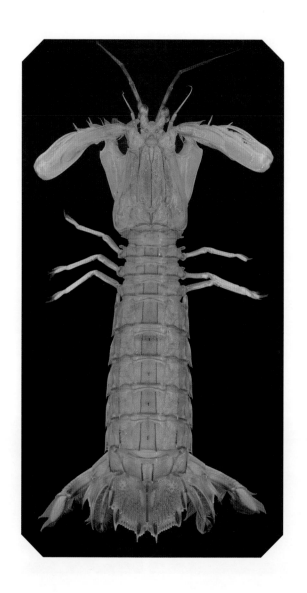

大蝼蛄虾

学　　名　*Upogebia major* (De Haan, 1841)

别　　名　海蜂子

分类地位　软甲钢十足目蝼蛄虾科蝼蛄虾属

形态特征　体背面浅棕蓝色。体长7～10 cm。头胸部侧扁，腹部平扁。额角三角形，下缘没有刺，背面中央有纵沟。头胸甲前侧缘有1个尖刺。腹部第一节很窄，后部各节宽。第一步足左右对称，亚螯状；掌部的背缘和腹缘有成排小刺。第二至第四步足都不呈螯状。第五步足末端有很小的亚螯。雌性第一腹肢为细小单枝。第二至第五腹肢内、外肢均呈宽叶片状。尾肢宽大。

生态习性　穴居于沿岸浅海，在潮间带的泥沙内生活。

地理分布　中国渤海、黄海有分布。朝鲜、日本、俄罗斯远东地区沿海均有报道。

经济价值　可食用，有一定经济价值。

朝鲜马耳他钩虾

学　　名　*Melita koreana* Stephensen, 1944

分类地位　软甲纲端足目马耳他钩虾科马耳他钩虾属

形态特征　眼褐色。体细长而侧扁。额角不明显。第一至第三腹节没有背齿。第五、第六底节板有前叶。尾节2叶，末端有3~4个刺。第一触角的附鞭短。鳃足亚螯状。第一鳃足细小，指节爪状。第二鳃足发达，雌性指节镰刀状。第一、第二步足细弱，第三至第五步足强壮。雌性第四步足的底节板前叶形成钩状后弯。第三尾肢的外肢发达，内肢短小呈鳞片状。

生态习性　栖息于潮间带的海藻丛中或石块缝隙下，春、秋季大量繁殖，分布密度很大。

地理分布　中国海域均有分布。朝鲜、日本附近海域有分布。

经济价值　经济价值不大。

雷伊著名团水虱

学　　名　*Gnorimosphaeroma rayi* Hoestlandt, 1969

分类地位　软甲纲等足目团水虱科

形态特征　体卵圆形，背隆起。眼稍大，黑色。体长小于1 cm。额角略突起。第二至第
七胸节的底节板不明显。腹尾节光滑，没有突起或刚毛。第一触角鞭有12节，第二触角鞭有14节。第一、第二胸肢基节腹面的前端有刚毛，第二胸肢比第一胸肢长，第七胸肢的基节、座节均没有刚毛。第二腹肢的基部内侧有3个弯曲的小钩。尾肢内、外两肢均不超过腹尾节末端，内肢长且宽，外肢短小。

生态习性　多栖息于潮间带沙底质或石块缝隙下，受惊时常滚卷成球形。

地理分布　在中国渤海有分布。国外分布于日本、韩国、俄罗斯、加利福尼亚附近海域。

经济价值　经济价值不大。

海蟑螂

学　　名　*Ligia (Megaligia) exotica* Roux, 1828

别　　名　海岸水虱、海蛆

分类地位　软甲纲等足目海蟑螂科海蟑螂属

形态特征　体黑褐色或黄褐色，复眼黑色，胸肢指节橘红色，末端爪黑色。体长1.5～2.5 cm，头部短小，体宽约为长的一半。复眼1对，斜向位于头部前缘外侧。第1对触角不发达，第2对触角长鞭35～45节。胸部7节，每节有1对胸肢，适于爬行。腹部6节，第一、第二腹节小，第三至第五腹节的后侧角尖锐，腹肢叶片状。尾节后缘中部呈钝三角形。

生态习性　生活于潮上带及高潮线附近，躲藏在岩石缝隙间，爬行迅速，以藻类及动物尸体为食。

地理分布　在中国沿海均有分布。亚洲、非洲、美洲沿海均有分布。

经济价值　可食用，有很高的药用。